これ以上やさしく説明できない！

Python
パイソン

はじめの一歩

西 晃生[著]

Python 3 対応

ナツメ社

はじめに

　本書を手に取っていただき、ありがとうございます。現在、Google、Amazon、Facebook、Apple、Tesla などの名だたる企業が世界を創り変えています。そして、そうした事業のすべてにプログラミングが密接に関わっています。今後、あらゆる企業のあらゆる事業に、プログラミングが深く関わっていくことでしょう。また、2020 年にはプログラミング教育の必修化が実施され、幼少期からプログラミング言語に触れる世代が多くなり、平成の次の時代の世代では、プログラミングと関わることが当たり前の世の中となっていくと思います。

　プログラミング言語として Python がリリースされてから 25 年以上が経ち、バージョンも 3.x となり、さまざまなことができるようになりました。Python の得意分野の 1 つである人工知能（AI）は、これからの世界で重要な分野となっていくと思います。「今ある仕事の多くが人工知能に取ってかわられる」とよく言われますが、その言葉に頷けるくらいに技術は進歩しています。しかし、それを恐れているだけでは未来には後悔しか待っていません。

　プログラミングとの関わりが当たり前となっていく世の中で、私たちはどのようなことを行うべきでしょうか？　私は、まずは気軽にプログラミングに挑戦してみることだと考えています。数学や国語など基礎となる教科も、まずは実際に触れて学ぶところからはじまり、それが将来の社会での仕事に活きていきます。プログラミング学習も同じではないでしょうか。最初は聞いたこともない言葉たちが頭の中を飛び交うかもしれません。しかし、一歩一歩、少しずつでも進めていくことで、やがて大きな力になっていくことでしょう。その第一歩を少しでもサポートできればと思い、本書を執筆させていただきました。

　本書では、私やエンジニアの友人の経験をもとに、==図解や画像を豊富に使って Python のプログラミングを丁寧に解説==することに注力しました。まずは、==学習をはじめるためのパソコンの環境設定==や==コマンド入力の基本操作==など、多くの初心者が挫折するポイントからじっくりと学んでいきます。そのうえで、==プログラムに必要なさ==

まざまな文法や要素を覚え、最終的には本格的なアプリケーションを作成できるように構成されています。Python を通してプログラミングを楽しく学んでいただければ幸いです。

　本書を執筆するにあたって多くの方にお世話になりました。執筆の機会を与えてくださったナツメ出版企画の山路様、リンクアップの冨増様、執筆を見守ってくださった家族、友人、関係者の方々に深く感謝いたします。

西　晃生

サンプルプログラムのダウンロードについて

本書に掲載しているサンプルプログラムは、弊社ホームページよりダウンロードできます。

https://www.natsume.co.jp/

上記の弊社ホームページ内の本書のページより、ダウンロードしてください。

注意事項

■本書は、2018 年 8 月現在の情報をもとに編集しています。
■本書では以下の環境で動作確認を行っています。ご利用の環境によっては手順や画面が異なる場合があります。
　・Windows 10 Pro
　・Python 3.6.4
■Microsoft, Windows は、米国 Microsoft Corporation の米国及びその他の国における商標または登録商標です。
■その他の商品名、プログラム名などは一般に各メーカーの各国における商標または登録商標です。
■本書では、®、© の表示を省略しています。
■本書では、登録商標などに一般に使われている通称を用いている場合があります。

目次

第1章 プログラムの基本　013

STEP1　プログラムとは　014
プログラムとは命令や計画のこと ／ 日常生活でも触れているプログラム ／ プログラムは単純な入出力だけじゃない ／ プログラムの良し悪し

STEP2　プログラムができること　018
プログラムには何ができる？ ／ プログラムにできないこと ／ 機械と人間の差

STEP3　人工知能もプログラム？　022
人間の学習に焦点を当てたプログラム ／ 人工知能はどうやって使われる？ ／ 人工知能の発達した未来予想図 ／ 人工知能を開発しやすいPython

STEP4　プログラムのしくみ　026
プログラムとコードの違い ／ プログラムとアルゴリズム ／ プログラムの処理の基本パターン

STEP5　パソコンの中でのプログラムの動き　030
パソコンの入出力を支える機器 ／ Excelでデータを保存するときの動き

STEP6　プログラミング言語とは　034
世の中に数多くあるプログラミング言語 ／ プログラミング言語の分類 ／ 使いやすいPythonがおすすめ ／ 学ぶ道筋は楽しいけれど「楽」ではない

STEP7　プログラムを作るときに必要なもの　038
プログラムを書くために必要なもの ／ プログラム作成時に必要なソフトウェア ／ 第1章のまとめ

第2章 Pythonの導入　　043

STEP1　Pythonとは？　　044
Pythonとは ／ どこで利用されているのか ／ Pythonの特徴

STEP2　Pythonのバージョンって何？　　048
Pythonのバージョンの歴史 ／ Python 2.xと3.xがそれぞれ存在している理由 ／ Python 2.xと3.xの違い

STEP3　パソコンでPythonを使えるようにしよう　　052
自分のパソコンの環境を知る ／ Pythonのインストーラーをダウンロードする ／ Pythonのインストーラーを実行してインストールする ／ PowerShellでPythonを確認する

STEP4　Pythonでプログラムを実行する方法　　058
Pythonの2つのモード ／ インタラクティブモード ／ スクリプトモード

STEP5　プログラムを書く環境を設定しよう　　064
IDLEとは？ ／ IDLEを起動する

STEP6　本書での表記のルール　　067
本書のスタイルについて ／ コードの表記について ／ 第2章のまとめ

第3章 スクリプトファイルと入力の基本　　069

STEP1　スクリプトファイルの作成と実行　　070
IDLEでスクリプトファイルを作成する ／ プログラムのコードを作成して実行する ／ スクリプトファイルの中のキーワードを検索する ／ スクリプトファイルを閉じる

STEP2　保存したスクリプトファイルの読み込み　　076
スクリプトファイルを読み込む

STEP3　複数行のプログラムを書いてみよう　　078
2行以上のプログラムを作成する ／ 2行以上のプログラムを1行で記述する ／ 長すぎる1行を2行に分ける

STEP4　基本的な入力の注意点　　082
全員が見やすいコードを書くための基準 ／ プログラムは半角文字で書く ／ インデントがとても重要 ／ カッコはそれぞれ意味が違う

STEP5　算術演算子の使い方　　086
演算子とは ／ 足し算のプログラムを作る ／ 引き算のプログラムを作る ／ 掛け算のプログラムを作る ／ 割り算のプログラムを作る ／ 掛け算や割り算は先に計算される

STEP6　比較演算子の使い方　　090
比較演算子とは ／ 数値の比較プログラムを作成する

STEP7　定数と変数　　092
値とは ／ 定数と変数の違い ／ 変数の使い方 ／ 定数の使い方

STEP8　コメントを書こう　　100
コメントとは

STEP9　エラーメッセージが表示されたら　　102
エラーはパソコンからのメッセージ ／ 実際のエラーを読んでみる

第4章 データ型の基本　　　　　　　　　　　　　　　　　　　　　　　105

STEP1　データ型とは　　　　　　　　　　　　　　　　　　　　　106
データにはいろいろな値（意味）がある

STEP2　文字列型の基本　　　　　　　　　　　　　　　　　　　　108
文字列を扱う文字列型「str型」／ 特殊な文字の表示方法／
プログラムの中で文字列を使う／ 指定した位置の文字を表示する

STEP3　文字列を連結する　　　　　　　　　　　　　　　　　　　114
文字列をプログラムで操る

STEP4　数値型の基本　　　　　　　　　　　　　　　　　　　　　116
整数や小数点数など数値はさまざま／ 整数型（int型）を利用する／
浮動小数点数型（float型）を利用する

STEP5　リスト型の基本　　　　　　　　　　　　　　　　　　　　120
複数の値をひとまとめにするリスト型／ リストの値を更新／削除する／
リストどうしを比較する

STEP6　タプル型の基本　　　　　　　　　　　　　　　　　　　　126
リストと近いが値が変更できないタプル／ タプルの値を更新／削除する／
タプルどうしを比較する／ タプルの特徴を検証する

STEP7　そのほかのデータ型　　　　　　　　　　　　　　　　　　132
値の場所にキーを設定できる「辞書型」／ 辞書型の値を読み込む／
辞書型の値を更新／削除する／ 値が重複しないグループ「セット型」／
セット型を更新／削除する

第5章　基本構文と関数　　141

STEP1　反復の基本 ——for 構文　　142

同じことをくり返す for 構文 ／
for 構文の書き方①——くり返す回数を変数で保持する ／
for 構文の書き方②——グループ内の値をくり返す ／
for 構文の書き方③——インデックスと値を使う

STEP2　条件分岐の基本 ——if 構文　　150

いろいろな場合によって動作を分ける ／ if 構文の書き方

STEP3　「さもなくば」の基本 ——if-else 構文　　156

「さもなくば」はいつ使うのか ／ else の使い方 ／
条件処理を付け加える elif

STEP4　反復の基本 ——while 構文　　162

条件が外れるまでくり返し続ける while 構文 ／ while 構文の使い方

STEP5　関数とは　　168

複数の処理をひとまとまりにした関数 ／ 関数を作る ／
関数の利用時に値を受け取る ／ 関数の戻り値を設定する

STEP6　関数を実践的に定義して使ってみよう　　175

どのようなプログラムを作るのか ／ プログラムを作成する

第6章 ライブラリとモジュール　181

STEP1 ライブラリとモジュール　182
ライブラリとは ／ モジュールとは

STEP2 標準ライブラリのモジュールの使い方　186
モジュールを読み込んで関数を利用する

STEP3 tkinter の使い方　190
tkinter モジュールで GUI を構築する

STEP4 random の使い方　192
random モジュールで乱数を扱う

STEP5 time の使い方　198
time モジュールで時刻を表示する ／ time モジュールの利用方法

STEP6 urllib の使い方　202
インターネットと HTTP ／ urllib について

STEP7 json の使い方　206
JSON とは ／ json モジュールの使い方

STEP8 外部ライブラリのモジュールの使い方　210
外部ライブラリとは ／ ライブラリ管理ツール「pip」を利用する

第7章　High and Low ゲームの作成　217

STEP1　High and Low ゲームを作ろう　218
High and Low ゲームとは

STEP2　カード一式を用意しよう　220
カード一式を用意する

STEP3　カードをシャッフルして表示しよう　222
random モジュールでカードをシャッフルする

STEP4　ユーザーが入力できるようにしよう　224
標準入力を利用する

STEP5　カードの数字を判定しよう ──数字が大きい場合　226
if 構文で数字の大きさを判定する

STEP6　カードの数字を判定しよう ──数字が小さい場合　228
else と elif で条件分岐を作る

STEP7　判定後にゲームを続行する　230
while 構文でゲームをくり返す

STEP8　勝率を計算する　233
勝率を表示させる

第8章 オブジェクト指向とクラス　　235

STEP1 オブジェクト指向とは　　236

オブジェクト指向の概要 ／ オブジェクトの大枠を作る ／
継承 ／ ポリモーフィズム（多態性）／ カプセル化 ／
Python でオブジェクト指向を活用する前に

STEP2 クラスの作り方と使い方　　242

クラスとは ／ クラスの中身を作成する ／ クラスを使ったカプセル化 ／
クラスを使った継承 ／ クラスを使ったポリモーフィズム

第9章 そのほかの便利なテクニック　　255

STEP1 ほかのファイルのデータを読み込む　　256

CSV ファイルを読み込んで利用する

STEP2 ほかのファイルにデータを書き出す　　261

CSV ファイルを Python のプログラムで書き出す

STEP3 画像処理 ——画像を読み込む　　264

OpenCV とは ／ OpenCV を利用する

STEP4 画像処理 ——画像を作成する　　269

新しい画像を作成する

STEP5 グラフを作成する　　272

グラフ描画のためのライブラリ matplotlib

第10章 実践プログラムの作成　275

STEP1　Web API とは　276
Web API とは ／ ほかのサービスと機能を共有するメリット ／ Web API のしくみ

STEP2　Twitter API とは　280
Twitter とは ／ Twitter API とは ／ この章で利用する Twitter API のデータ

STEP3　ツイートを検索するプログラムを作ろう　284
どのようなプログラムを作るのか？

STEP4　Twitter API から通信許可をもらおう　286
Twitter で API の利用者登録をしよう

STEP5　Twitter API でツイートを取得するアプリケーションを作ろう　294
ツイートを取得する方法を調べる ／ ツイートを取得する

STEP6　Twitter API で取得したデータをきれいに表示しよう　302
取得したデータの中身を確認して表示する ／ ウィンドウを作成して表示する

STEP7　検索キーワードを自分で入力できるようにしよう　306
検索キーワードを入力できるようにする ／ 検索ボタンで検索できるようにする ／ ラベルを更新してツイートを表示する

STEP8　ツイートを投稿するアプリケーションを作ろう　313
自分のツイートを投稿できるようにする

索 引　316

第 1 章

プログラムの基本

Pythonを使ったプログラミングに入る前に、まずはプログラムそのものについておさえておきましょう。プログラムの大まかなしくみや働きがわかれば、プログラミングの学習もスムーズに進められます。

STEP 1 プログラムとは

プログラムという言葉は、現代の情報化社会ではよく耳にする言葉です。しかしそもそも、プログラムとはいったい何なのでしょうか？ まずはプログラムの基本からしっかりと確認していきましょう。

プログラムとは命令や計画のこと

　まずは実際のプログラミングに入る前に、この章でプログラミングに関する基本から確認していきましょう。

　この本に興味を持った人の中には、すでにご存知の人も少なくないかもしれませんが、プログラミングとは、プログラムを作ることです。ではそもそも、プログラムとは何でしょうか？ ひとことで表現すれば、プログラムとは、コンピューターに対する「命令」のことを指しています。人間の体が、脳の命令があって初めて動くことができるように、コンピューターは、プログラムという命令があって初めて動くことができるのです。また、コンサートなどでは、プログラムという言葉が、演奏する曲の内容や順序など、構成全体の計画のことを指したりしますね。このことから、プログラムという言葉には、「命令」のほかに、「計画」という意味も含まれていることがわかります。実際にプログラムは、コンピューターの働きを計画するものでもあるのです。そもそもプログラム（Program）という単語は、「あらかじめ」を意味する「Pro」と、「～を書いたもの」を意味する「gram」が合わさったもので、「あらかじめ書かれたもの」、つまり計画を意味しているのです。

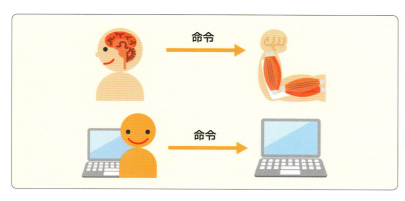

図01
人間の体が脳の命令で動くように、コンピューターはプログラムの命令で動く

日常生活でも触れているプログラム

　コンピューターを動かすプログラムは、日常生活の中でどのように利用されているのでしょうか？

　プログラムで動いているのは、何もパソコンだけではありません。たとえば、多くの人が毎日指先を使って操作しているスマートフォンも、プログラムによって動いています。炊飯器や冷蔵庫、洗濯機やエアコンなどの家電製品も、すべてプログラムによって動いています。こうした機器には、大人だけでなく、子どもも普通に触れていますね。私たちは年齢を問わず、日常的にプログラムに触れる生活を送っているのです。

■ テレビとリモコンの例

　テレビもプログラムによって動いていますが、テレビとリモコンの関係を例にして、より具体的にプログラムについて考えてみましょう。リモコンで5チャンネルのボタンを押すと、テレビは5チャンネルの番組を表示します。「リモコンから5チャンネルのボタンを押したという指示が来たら5チャンネルを表示する」というプログラムをテレビが持っているため、このように動作するのです。この関係は、下図のように表されます。この例では、指示をテレビに入力する機器がリモコンであり、テレビはユーザーに5チャンネルという結果を出力（表示）する機器です。

図02 テレビとリモコンの関係

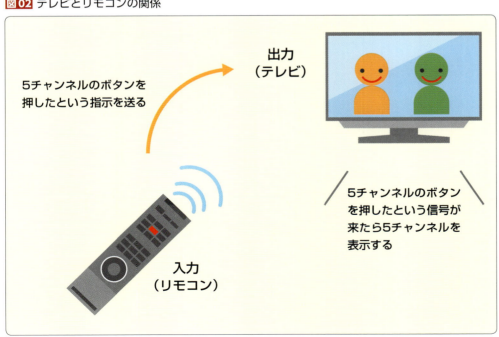

プログラムは単純な入出力だけじゃない

テレビとリモコンの関係のように、プログラムは、指示を出す側（入力）と、それを受け取って動作する側（出力）が、相互に作用することで動作します。これはパソコンの場合でも同じです。キーボードやマウスなどの指示を出す入力機器と、それを受け取って結果を表示するディスプレイ・プリンタなどの出力機器が、相互に作用して動作しているのです。

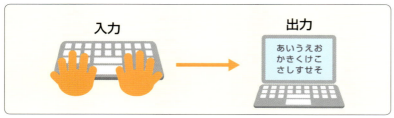

図03
パソコンでの入力と出力

■ 高度なプログラムはどう違う？

これまでの説明のように、指示の流れ（ロジック）が簡単なプログラムも少なくありません。しかしプログラムと聞くと、すごく複雑な計算や構造を想像する人が多いのではないでしょうか。実際に、社会を支えているプログラムの多くは、これほど簡単な構造ではありません。たとえば、部屋全体が温かくなるようにうまく調整するエアコンや、世界中の株式の売買を管理するシステムなどのプログラムは、入力される指示に従うだけでなく、関連するデータを計算するなどして、複雑な出力をします。ここでいう関連するデータとは、たとえば周囲の気温や、世界の為替情報などが挙げられます。そうした情報を複雑な計算で処理し、ユーザーのほしい答えを適切に出力するのも、プログラムの仕事です。

図04
プログラムのさまざまな仕事

■ 日々進化しているプログラムの技術

　プログラムはいろいろなことができるため、ひとことで「これしかできません！」とは言い切れないのです。現在のプログラムは、ただの入力と出力の設計書ではありません。幅広いデータを使い、複雑な計算を取り入れ、よりよい出力結果を出すものへと進化を遂げました。これは、日々技術者たちがさらによいものを創造しようと努力してきた賜物です。これからも、さらに高度な機能を持つものへと進化していくことでしょう。

プログラムの良し悪し

　このようにプログラムが複雑になると、出力までの時間も多くかかるようになります。ここで重要になるのが、プログラムの整理を意味する「リファクタリング」です。同じ計算をまとめたり、計算手順を簡単にしたりすることで、出力までの時間を短縮させるのです。こうした部分で、プログラムの良し悪しが出てきます。

　ここでもテレビのリモコンを例にしてみましょう。チャンネルを変えたいときに、1、2、3、4……と1つずつチャンネルを足して変えるプログラムと、目的のチャンネル番号を入力するだけで一気に飛べるプログラムでは、どちらが便利でしょうか？　前者だと1,000離れたチャンネルに変えるためには1,000の指示が必要ですが、後者だと1,000離れたチャンネルでも4桁の数字を1回入力するだけで変えることができますね。つまり、前者より後者のほうが、実行が簡単なよいプログラムと言えるのです。

図05　1チャンネルから1001チャンネルに変えるとき

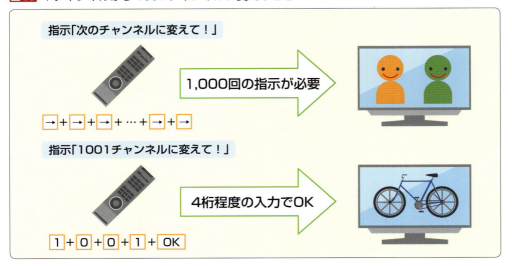

# プログラムができること

プログラムはさまざまなことができます。しかし、具体的にどのような作業が得意なのでしょうか。反対に、具体的にどのような作業が苦手なのでしょうか。人間の作業と比較しながら考えてみましょう。

プログラムには何ができる？

　プログラムは私たちのかわりにいろいろな作業をしてくれます。しかし、人間のするすべての作業をプログラムに置き換えることまでできるわけではありません。プログラムにも、できることとできないことがあるからです。プログラムの処理の特徴を踏まえながら、まずはプログラムにできることを確認していきましょう。

■ 人間よりも速く計算できる

　プログラムによってコンピューターを動かせば、人間が頭の中で行うよりもはるかに速く、はるかに多く、計算することができます。計算処理をプログラムに任せることで、私たちはその結果から新しい発見をしたり、法則性を見出したりすることに集中できます。たとえば研究などで利用されるシミュレーターは、計算結果を視覚的にわかりやすくするプログラムを使っていますが、シミュレーターを使わなければ、計算結果を導くだけで時間を浪費してしまいます。

図01 プログラムを使えば計算する必要がなくなる

■ いつでも対応して動くことができる

　私たち人間は、睡眠を取らなければ生きていけません。そのため、24時間365日ずっと働き続けることは不可能です。では、プログラムはどうでしょうか？ ==プログラムを実行している機器が故障しないかぎり、プログラムはいつまでも動作し続けることができます。==たとえばインターネット上のWebサイトもプログラムによって機能していますが、WebサイトのURL（例：https://google.co.jp）をパソコンのWebブラウザに入力すると、祝日でも深夜でも、いつでもWebサイトが表示されますね。このように、必要なときに必要なものを提供できるのも、プログラムの強みです。

図02 プログラムは休まない

■ 離れた場所から動かせる

　==実行する場所から離れていても動作させることができるのも、プログラムの長所==です。たとえば近年、医療技術として盛んに研究されているのが、遠隔手術です。これは、医師がロボットアームを遠隔で操作するプログラムを利用して、手術を行うというものです。これにより、各地の患者の住んでいる遠くの病院に移動しなくとも、手術が得意な医師が普段勤めている病院から手術を行い、多くの命を救うことができるようになります。

図03 プログラムの遠隔利用

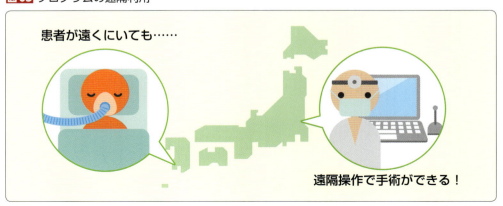

プログラムにできないこと

　では反対に、プログラムにできないことは何でしょうか。この質問の答えは、これまでのプログラムに対しては、比較的はっきりとしたものでした。しかし未来では無意味な質問になるかもしれません。それは、人間がプログラムを今よりもっと進化させていくことで、現在では不可能なことも未来ではどんどんできるようになっていくものと考えられるからです。

■ 初期のプログラム

　1940年頃に開発されたプログラムには、今の電卓でできるシンプルな数学の計算を行うことぐらいしかできませんでした。つまり、今のコンピューターのように、映像を自由に処理したり、多くの情報を複雑に管理したりすることはできなかったのです。しかも、その程度の計算をプログラムが処理しようとするだけで、大きな部屋がいっぱいになるほどの機械が必要でした。きっと暗算が得意な人の中には、自力でやったほうがいい！　と思う人もいたことでしょう。

図04 初期のプログラムは電卓レベル

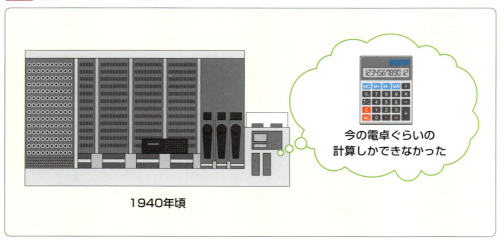

■ 現代のプログラム

　そのようなプログラムも、自動化などが進み、はるかに高性能になりました。宇宙へ飛ぶためのロケットの軌道計算や、バイオ研究での細胞の成長計算などを、自在にプログラムで行えるようになっています。それこそ個人でも、パソコンやスマートフォンで、音楽や動画の編集ぐらいは簡単にできますよね。約80年間で、これほどまでに進化を遂げてきたのです。

それでも、人間であれば、幼稚園児たちでも簡単にできてしまうようなことが、プログラムにはまだまだできません。たとえば、「となりにいる友達が泣いているから、話を聞いて励ます」という類の行動です。プログラムは計算などの論理的な処理は得意ですが、人間の気持ちなどの感情的なものを扱うことが苦手です。そのため、その人の泣きやすい状況や、その人のまわりの環境など、たくさんの判断材料がないと、その後の行動がなかなかできません。

　このような「人間らしい行動」は、まだまだプログラムで解決できないことが多い状況です。しかし、こうした人間らしい部分をプログラムで扱うべく開発が進んでいるのが、後述する「人工知能」（P.022参照）です。人間的な問題に対しても最適解を出すようなプログラムが、次第に開発されつつあるのです。

機械と人間の差

　このように、プログラムやそれで動く機械の特徴を見てみると、人間らしい部分以外では、ほとんど万能であるように思えます。では、プログラムを開発した人間自身は、基本的にあまり優れたものではないのでしょうか。

■ 機械よりも優れた人間の体

　たとえば、カメラの画質を左右するものに「画素数」があります。これは映像の表示に利用する小さな点の数のことを指し、多ければ多いほど高画質だと言うことができます。最新の高性能カメラでは約5,000万画素にもなりますが、人間の目はどれほどの画素数を持っているのでしょうか。実は、カメラよりはるかに多い、約5億7,600万画素も持っているようなのです（実際にはっきり見えている部分は、約800万画素程度とされています）。

　また、コンピューターは人間よりもはるかに高い計算能力を持っていると説明しましたが、必ずしも人間より優れているとは言えないのです。2013年に世界トップクラスの計算能力を誇るスーパーコンピューター「京」で人間の脳の神経回路のシミュレーションを行ったところ、生物学的には1秒間に相当する処理が、京では40分かかったというのです。ただの計算ではコンピューターのほうが優れていても、本当に高度な処理を含めると、人間の脳のほうがまだまだ優れていると言えるのかもしれません。

　このように、必ずしも人間が機械より劣っているというわけではありません。それでも、人間社会における問題を、プログラムや機械のほうが効率的に解決できる場面も多いということなのです。

人工知能もプログラム？

P.021でも少し触れたように、最近話題の**人工知能**もプログラムの一種です。では、人工知能とはどのようなプログラムなのでしょうか？ その特徴とあわせて、人工知能の動作の流れや、人工知能がもたらす未来についても見てみましょう。

人間の学習に焦点を当てたプログラム

ニュースなどで、**人工知能**（AI）という言葉を聞くことが多くなってきました。最近では、囲碁や将棋などで人工知能と棋士が対戦し、人工知能が勝利したことで大きな話題になりましたね。また、さまざまなサービスで客に最適な提案をするために、人工知能を取り入れようとしている企業も増えてきています。

人工知能って何？

では結局のところ、人工知能とはいったい何なのでしょうか。さまざまな定義付けがなされていますが、ひとことで言えば、人間の脳の構造をモデルにした、人間の脳のように働くプログラムのことです。具体的に人工知能の計算手法に採用されているのは、**ニューラルネットワーク**と呼ばれるものです。ニューラルネットワークとは、人間の脳内の電気信号を送受信する神経細胞（ニューロン）たちの構造を数式化した計算モデルです。人間のように、**失敗から学習して最適な結果を導けることが大きな特徴**です。

図01 脳の神経細胞をモデル化したものがニューラルネットワーク

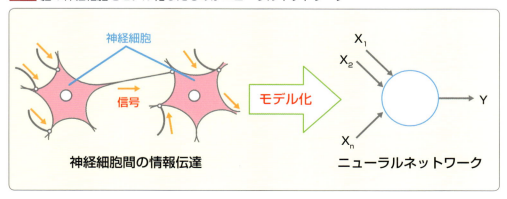

■ 学習とは？

これまでの解説で、人工知能は人間のように学習するプログラムだということがわかりましたね。ところで、そもそも**学習**とはどのようなものを言うのでしょうか。赤ちゃんの成長過程を例にして、あらためて学習のメカニズムについて考えてみましょう。

私たちが赤ちゃんだった頃は、歩くことさえできませんでした。それがいつしかハイハイするようになり、壁やモノを使って立つようになり、最終的には自分の足だけで立つようになります。この一連の流れの中で、立つために必要なさまざまな情報の学習を、その都度人間は行っています。たとえば、尻餅をついてしまったとき。立とうとしたときにバランスがうしろに行き過ぎてしまうと尻餅をついてしまいますが、ここでバランスがうしろに行き過ぎていたことに気付くと、今度はより前のめりになって、バランスを取ろうとします。

このように、動作の結果失敗しても、反省し、次に違う行動をして改善することを、学習と呼ぶのです。そして人工知能は、まさにこのような学習ができるようにプログラムされているものなのです。

図02 学習の流れ

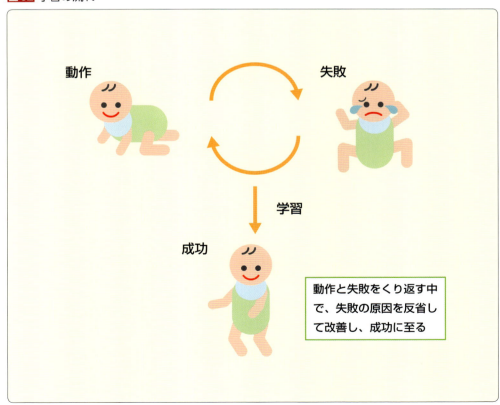

動作と失敗をくり返す中で、失敗の原因を反省して改善し、成功に至る

人工知能はどうやって使われる？

　学習できる人工知能は、学習しない通常のプログラムよりも、効果的に活躍できる分野があります。たとえば、将棋や囲碁のような知的作業では目覚ましい活躍を見せていますね。勝利するための条件が存在しており、勝負の過程が何パターンも存在し、勝敗に影響するデータがたくさんあるものに、人工知能は利用しやすいのです。

　ここで、じゃんけんを例として、人工知能で対戦するプログラムのプレイヤーを作るまでの流れを解説します。

①ルールを確認する

　10回じゃんけんをして、勝つ回数が多いほうを勝ちとします。じゃんけんの参加者は、人間（自分）と人工知能の2者とします。グー・チョキ・パーのいずれかを、相手に勝てるように出させることを目的とします。

②何を学習させるのか

　まず学習する内容は、「グーはチョキより強い」「チョキはパーより強い」などといった、ゲームのルールです。どういう状況で勝ちになるかが判断できるようになったあとで、じゃんけんをくり返し行わせます。このとき、じゃんけんの勝負の内容すべてを記録・分析させます。

③最終的にどうなるか

　1回目のじゃんけんでは約33％で勝ちになりますが、2回目以降も勝率は同じでしょうか。答えは否——人間にはそれぞれ「クセ」があるからです。「2回パーを出したあとにパーを出さない」といったものや、「あいこのあとはグーを出しやすい」などといったものです。このクセを人工知能が学習することで、次に相手が何を出してくるのかを予測しながらじゃんけんするようになるため、勝率を上げることができるのです。

図03 過去のデータから学習する

人工知能の発達した未来予想図

　将棋や囲碁、じゃんけんだけでなく、私たちの日常生活でも人工知能を利用できる分野が多くあります。人工知能がさらに発達した場合、私たちの生活にはどのような変化が生まれるでしょうか。

■ 機械が提案してくれるようになる

　私たちの生活は、常に何かを選択をすることで成り立っています。何を食べるのか、何の服を着るのか、どこに出かけるのかなど、個人の好みも含め、こうした選択に関するデータはたくさんあります。人工知能はこれらを学習すると、次に私たちが選ぶことで利益になる選択肢を提案してくれます。「最近野菜を食べてないからサラダにしませんか？」といったものや、「黄色が好きなあなたには、この服はいかがですか？」といった、レコメンドと呼ばれるサービスです。世界最大のネット通販サイトのAmazonでも、ユーザーの買っているものを学習して、関連のある商品を提案してくれますよね。こういったサービスが、より日常的に、より適切に受けられるようになるでしょう。ビジネスや人生などで重要な判断をするときにも、最適な提案をしてくれるようになるかもしれません。

図04 重要な判断も人工知能が提案してくれる

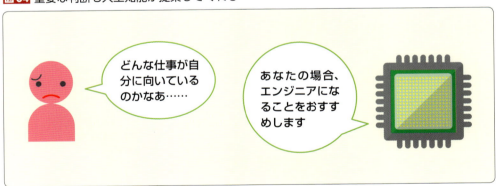

人工知能を開発しやすいPython

　これで人工知能のすごさがよくわかったかと思いますが、そんな人工知能も、本書で解説するプログラミング言語「Python」で開発できるのです。Pythonはプログラミングの入門に適したものでありながら、人工知能用のツールも多く揃った応用力の高いものです。実際に、Pythonで作られている人工知能がたくさんあります。興味のある人は、ぜひPythonで挑戦してみてください。

STEP 4 プログラムのしくみ

これまでの STEP で、プログラムの概念や役割について解説しました。ここでは、プログラムの構成要素や、プログラムの処理の流れなど、内側のしくみについて解説します。

プログラムとコードの違い

　これまでの解説でプログラムの概念については、大まかに理解できたことでしょう。ところでみなさんは、「コード」という単語を聞いたことはあるでしょうか。プログラムと同じくらいよく耳にする単語かもしれません。プログラムとよく似たイメージがある言葉ですが、プログラムとコードの違いは、いったい何でしょうか。

　わかりやすくたとえると、手紙と、その中の文章の関係と似ています。手紙は、誰かに何かを伝えるためのツール全体であり、プログラムに相当します。そして手紙は文章が集まって成り立っていますが、この文章の集まりこそが「コード」に相当するのです。コードによってプログラムが成り立っているという構図ですね。

> **? 用語解説　データ**
>
> そのほかにも、よく似た言葉として「データ」が挙げられます。データとは多くの場合、手紙でいう文字や単語に相当します。数字や名前など、状況に応じていろいろな細かい情報がデータと呼ばれるのです。そのため、コンピューター全体など大きなものについて語るときは、コードやプログラムのことを意味する場合もあります。

図01 プログラムとコードの違い

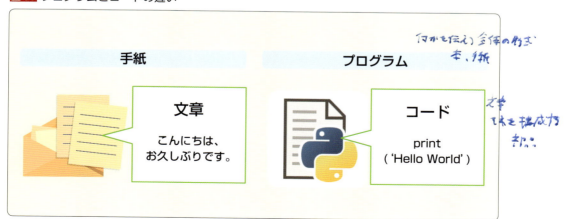

プログラムとアルゴリズム

「アルゴリズム」という言葉も、プログラムを説明するうえでは必要なキーワードです。アルゴリズムとは、何かの問題を解くための手順を定式化して表現したものを指します。わかりやすく言えば、計算や操作のやり方のことです。

たとえば、たくさんの数字などのデータを、小さい順や大きい順といった一定の規則に沿って並べ替える、「ソート」のアルゴリズムが有名です。並べ替えるやり方は1つではなく、隣り合ったデータを比べて並べ替える「バブルソート」や、基準となるデータをもとにグループ分けして並べ替える「クイックソート」などさまざまなソートアルゴリズムがあり、それぞれ長所や短所があります。

■ プログラムとアルゴリズムの関係

プログラムにとってアルゴリズムは、データを計算・処理するうえでの手順・方法にあたります。データを並べ替えるときなどに、複数あるアルゴリズムのそれぞれの長所や短所を考慮して、どのアルゴリズムをプログラムで利用するかをよく考えなければいけません。アルゴリズムとデータの組み合わせによっては、時間が何倍もかかってしまったり、不都合が生じてしまったりするからです。アルゴリズムをよく理解して使い分け、より適切なプログラムを設計することが重要です。

図02 適したアルゴリズムの選択

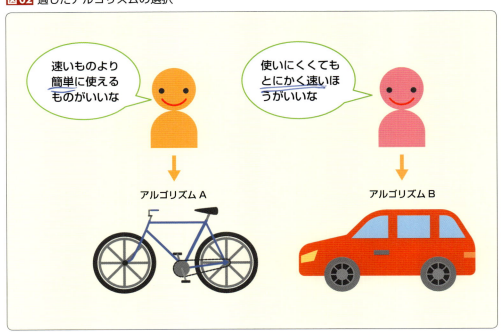

プログラムの処理の基本パターン

では、実際にプログラムが動くときのプロセスを確認していきましょう。プログラムで問題を処理するときの流れには、**順次　反復　分岐**という3つの基本パターンがあります。

■ 順次

まず**順次**とは、プログラムが実行されるときに、コードが書かれた順番どおり——つまりコードの上から順次、処理していくというものです。たとえば、プログラムのどこかに間違いがあったとき、この順次が成り立っていないと、どこまでが正しく、どこが間違っているのかがわかりません。どのコードから処理されているのかがわからなければ、直せるものも直せません。それに、もしプログラムに間違いがなくても、決まった順番どおりに処理されないと、うまく機能しないこともあります。同じプログラムを実行したらいつも同じ結果が導かれるのは、順次が成り立っているからなのです。

図03 順次の流れがないと正しく処理できない

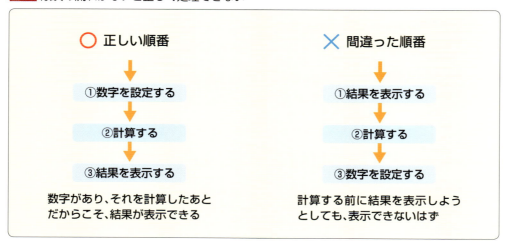

■ 反復

P.017でも少し解説しましたが、同じ処理をするコードを何度も書かずに、少ないコードで動かすものが、よいプログラムです。そのために重要な要素が、一定の条件を満たすまで処理をくり返す**反復**です。たとえば、同じ文章を3回表示させたいときに、反復を使えば、表示させるための1行のプログラムを3行書かなくとも済み、より短いコードで記述することができます。

図04 反復の流れ

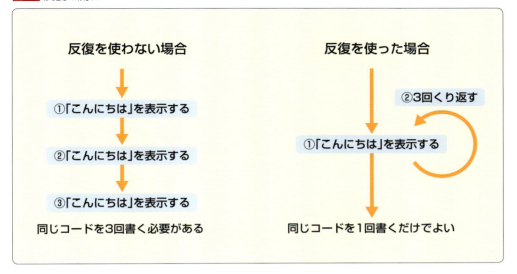

■ 分岐

　最後の**分岐**は、<mark>条件によって処理を枝分かれさせ、結果を振り分ける</mark>ものです。たとえば、じゃんけんをするプログラムを実行したときのことを考えてみましょう。自分がグーのとき、相手がパーであれば負けで、チョキなら勝ち、グーならあいこです。このように、自分と相手の条件によって結果（勝敗）を変化させることが分岐です。

図05 自分がグーを出したときの分岐の流れ

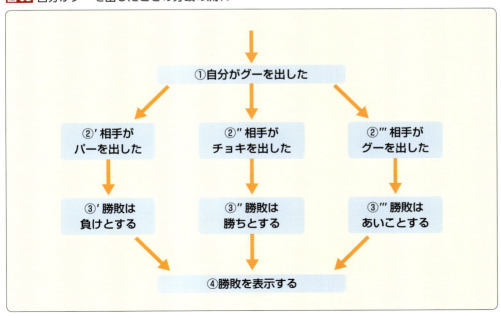

パソコンの中での プログラムの動き

パソコンがプログラムを実行したとき、パソコンの内部ではどのような動きが起こっているのでしょうか。パソコンを構成するハードウェアやその構造とあわせて、プログラムの動きを解説します。

パソコンの入出力を支える機器

STEP 1 で解説したように、プログラムには基本的に、入力（**インプット**）と出力（**アウトプット**）の働きがあります。パソコンを例にした場合、入力と出力は具体的には以下のようなものを指します。

図01 パソコンにおける入出力の例

入力	出力
マウスで Windows のスタートボタンをクリックする	メニュー画面が表示される
キーボードの文字キーを押す	画面に文字が表示される
Web ブラウザに URL を打ち込む	Web ページが表示される
音楽プレーヤーの再生ボタンをクリックする	音楽が再生される

このような入出力が相互に作用しながらプログラムの処理が行われていくことで、パソコンでさまざまな作業をすることができるのです。では、こうした入出力を実現するために、どのような機器（ハードウェア）が活躍しているのでしょうか。

■ インターフェース

パソコンと人間との間にあり、入出力の接点となる機器のことです。具体的には、入力インターフェースとして**キーボード**や**マウス**、出力インターフェースとして**ディスプレイ**や**スピーカー**などが挙げられます。これらのおかげで、人間はパソコンに働きかけたり、反対にパソコンの様子を把握したりできるのです。

■ CPU(Central Processing Unit)

　CPUは、人間でいう頭脳にあたる部分です。マウスやキーボードなどはもちろん、これから説明していくさまざまな機器などからデータを受け取り、==演算や制御を行って、結果を出力します。==

■ メモリ

　メモリは、==データやプログラムを一時的に保存する機器==で、内部のアドレスと呼ばれる領域に保存します。一時的にというのは、プログラムなどが使用・処理されている間だけ使われるものだからです。メモリの容量が多いほど、一度に多くのプログラムをすばやく動作させることができます。メモリの容量が少ない場合、たくさんのプログラムを実行すると保存場所が足りなくなり、パソコンの動作が遅くなるからです。

■ ストレージ

　メモリとは異なり、==データなどを長期的に保存する場合に利用されるのがストレージ==です。代表的なものにハードディスク(HDD)やSSDがあります。プログラムやデータなどのすべてがここに保存されており、必要に応じてメモリに渡されます。

■ それぞれの役割

　キーボードやマウスの入力指示に従い、ストレージにあるプログラムやデータが必要に応じてメモリに渡されてから、CPUによって演算や制御が行われます。そしてその結果が、ディスプレイなどに出力されるのです。

図02 パソコンでの処理の流れ

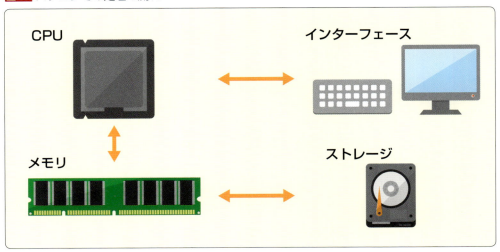

Excelでデータを保存するときの動き

　これまでに、パソコンの入出力を行う機器について解説しました。では実際の機器の動きを具体的に想定し、その流れを解説してみます。ここでは、「Excelで編集したデータを保存する」場合を例として扱います。

①Excelを起動する

　キーボードやマウスを使ってExcelのアイコンを選択すると、Excelが起動します。このときパソコン内部では、CPUの制御によって、ハードディスクに保存されているExcelのプログラムがメモリに渡されて、実行する指示が出されます。

②Excelデータを編集する

　作成済みのデータを編集する場合、マウス操作などでExcelのデータファイルを開いて編集します。このとき、ハードディスクに保存されているデータファイルをメモリに移動させてから開かれます。1つ前の作業を取り消すなどの編集動作は、メモリ上のデータで作業しているために行うことができるのです。

③Excelデータを保存する

　編集が完了したExcelデータを、マウス操作などで上書き保存します。このときCPUは、メモリに一時保存していたデータを、ハードディスクに保存させるように指示します。

④Excelを終了する

　Excelの作業が終わったら、マウス操作などでExcelのプログラムを終了します。このときCPUは、メモリにあったExcelのプログラムやデータをなくすように指示します。

　このように、インターフェース、CPU、メモリ、ストレージなどが連携して、Excelのデータが保存されます。こうした処理の流れは、ほかのアプリケーションでも同様です。

> **MEMO ◆ ずっと起動していると遅くなる理由**
>
> ずっとパソコンを使い続けていると、動作がとても遅くなることがあります。メモリの内部のアドレスにきれいにデータを敷き詰めることができていると問題ないのですが、メモリの利用や解放をくり返すと、データの大きさや配置などによって「使えない空き領域」が発生して、メモリの空き容量が少なくなってしまうのです。そのため、再起動すると動作が戻ったりするのです。

図03 Excelデータを編集して保存するまでのパソコン内部の動き

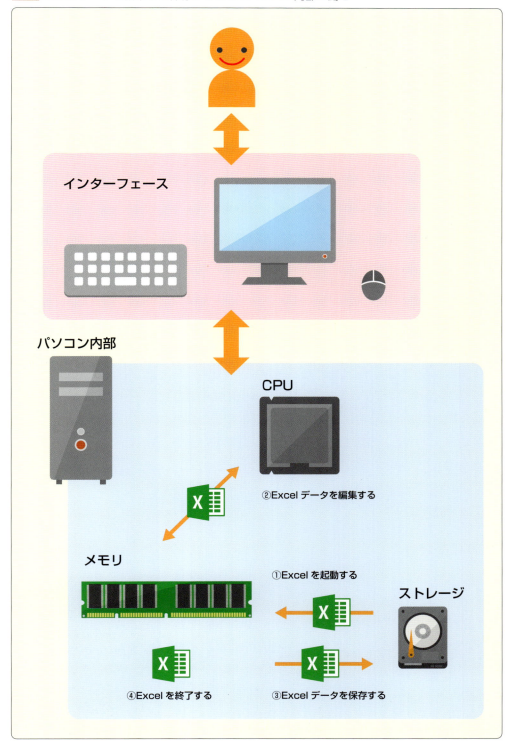

プログラミング言語とは

プログラムのコードは**プログラミング言語**で記述されています。具体的に、プログラミング言語とはどういったものなのでしょうか。プログラミング言語の分類なども含めて解説していきます。

世の中に数多くあるプログラミング言語

　プログラムのコードに使われる言語は、日常の会話で使われる言語ではありません。日常の言語は、文法の規則が合理的じゃなかったり、文脈によって意味が変わったり、そもそも意味があいまいだったりして、コンピューターに指示を出す言語としては適さないからです。そのためプログラムには、規則が合理的で、文脈によって意味が変わらない、意味がはっきりしたプログラミング言語が使われます。

　プログラミング言語は、マイナーな言語も含めると 100 以上も存在しています。よく耳にするプログラミング言語には、「C 言語」や「Java」、「Ruby」などがあり、もちろん本書で解説する **Python** もその 1 つです。1940 年代に電子式コンピューターが開発されてから 80 年も経たないうちに、これだけのプログラミング言語が誕生しました。単純計算すると、1 年に 1 つ以上のプログラミング言語が誕生していることになりますね。筆者も最初、「プログラムを作ってみたい」と思い立ったときに、「どの言語を学べばよいのだろう？」と悩みました。探してみると種類が多すぎて、さらに悩んでしまったことを覚えています。

■ どうしてこんなに多いのか

　どうしてこんなにも多くのプログラミング言語が存在しているのでしょうか？　その理由は言語の使われ方と関係があります。たとえば、誰かが A 言語を開発したとしましょう。その A 言語は画期的で使いやすいため、いろいろなサービスで利用されます。しかし、時代が経つにつれ、プログラムの計算などでより効率的な方法が発見されたり、パソコンなどのハードウェアの進歩により、もっと多くの計算を一度にできるようになったりして、その時代に適した新しい B 言語を誰かに開発されます。しかし、A 言語で作ったサービスの運営者たちは、そう簡単には、B 言語で作ったサービスに切り

替えられません。プログラムの文法などを切り替える作業はとても手間がかかるため、時間や人件費などが膨大にかかるからです。

そのため、既存のA言語のままで運営するという選択をするサービスも多くあります。このように、時代に合った新しい言語が増える一方、既存の言語で開発されたサービスも継続されるため、プログラミング言語の種類が増えていくのです。

図01 プログラミング言語が増えていく流れ

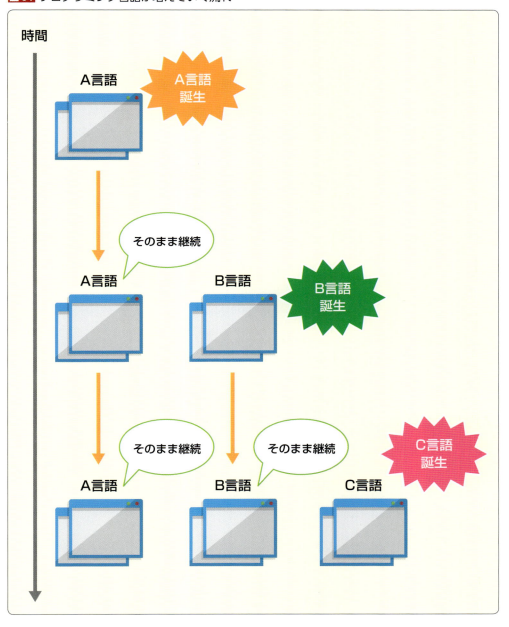

プログラミング言語の分類

　このように、プログラミング言語にはさまざまなものがありますが、大きくは「コンパイラ型言語」と「インタプリタ型言語」の2つに分けられます。実は、コンピューターはプログラム言語を直接は理解できません。そのため、プログラミング言語をコンピューターが直接理解できる機械語に変換する「コンパイル」という工程が必要になるのですが、このコンパイルのやり方によって、言語が分類されます。

■ コンパイラ型言語

　「C言語」などがこのコンパイラ型言語にあたり、プログラムが機械語にコンパイルされてから実行されることが特徴です。たとえば、C言語の「Sample.c」というプログラムファイルを実行する場合、これをコンパイルしたあとで、プログラムを実行する必要があります。動作が速く、主に「組み込み系」と呼ばれる、特定の用途に特化したシステムで利用されています。

　以下が、主なコンパイラ型言語です。

- C言語
- C#
- C++
- Objective-C

■ インタプリタ型言語

　実行時に、勝手に機械語にコンパイルしながら動いてくれる言語です。主にWebサービスで利用されるものが多く、**Python**もインタプリタ型言語に入ります。速度はコンパイラ型言語よりも遅いですが、実行するまでに開発者がコンパイルを行わずに済むため、作るときの作業の手間が省けます。

　以下が、主なインタプリタ型言語です。

- Python
- Perl
- PHP
- Ruby
- JavaScript

> **MEMO ◆ Javaは「中間言語方式」**
>
> Javaは、コンパイラ型言語でもインタプリタ型言語でもない、「中間言語方式」の言語です。Javaではプログラムをまずコンパイルしますが、このとき機械語ではなく、プログラムと機械語の中間に位置する「中間言語」という言語に変換します。この中間言語をインタプリタで実行しますが、中間言語は扱いやすいため、さまざまな環境のシステムで実行できる利点があります。

使いやすいPythonがおすすめ

次の章でも解説していきますが、Pythonは扱いやすいインタプリタ型言語の中でもトップクラスの人気を誇っており、おすすめできます。近年の人気にともない、Pythonを扱うエンジニアの年収も高くなっているほどです。また、Pythonはアカデミックな分野のコミュニティでも評価されており、コンピューターサイエンスやデータ解析、人工知能などに興味がある人にも適しています。

■ 最初のつかみはフィーリングでも大丈夫

学ぶための言語の選択はとても重要ですが、「名前の響きがカッコイイ」「好きな会社が使っている言語だから」など、ちょっとした理由で選んでもまったく問題ありません。大切なのは、楽しんで学び続けられるかという点です。

学ぶ道筋は楽しいけれど「楽」ではない

現代社会は、便利なサービスやモノが溢れており、生活の時間がいろいろな形で奪われていきます。そのため、「効率的に」「すぐに」などといった時間短縮のキーワードが、いろいろな教材で利用されるようになってきました。しかし、学びを効率的に進めることはできても、楽に習得することは、どんな言語であってもできないと筆者は考えています。そこで本書では、サンプルにゲーム性を盛り込むなどして、楽しく、理解しやすく学び続けられる内容を意識しました。読者によって合う、合わないはあると思いますが、新しい言語を身につけるという目標を、楽しく苦労して達成しきれることを願っています。

> **MEMO ◆ エンジニアコミュニティ**
>
> エンジニアたちは日々、言語やその技術について勉強しており、さまざまなコミュニティでお互いの技術の共有を行っています。参考書を読み込むよりも、同じ問題に直面して解決してきた先輩たちから直接アドバイスをもらったほうが、スピーディーに解決できるときもたくさんあります。そのため、筆者も利用しているコミュニティをいくつか紹介します。
>
> ● **GitHub**（https://github.com/）
> GitHubは、自分のプログラムの変更履歴を管理するツール「Git」を使って、自分のプログラムの中身をオープンにすることで、皆がそのプログラムを改良してくれるオープンコミュニティです。全世界で利用されています。
>
> ● **Qiita**（https://qiita.com/）
> Qiitaは、エンジニアの技術情報共有サービスです。プログラムのちょっとした豆知識や開発で経験したことなどが、記事として投稿されています。たくさんの言語の記事があり、情報量が豊富です。
>
> ● **Stack Overflow**（https://ja.stackoverflow.com/）
> Stack Overflowは、エンジニアの質問投稿掲示板です。コードなどを貼り、現状のエラーなどを書いて助けを求めると、世界中のエンジニアたちが解決となるアドバイスをくれます。

STEP 7 プログラムを作るときに必要なもの

次の章から実際に Python を使ってプログラムを書いていきますが、プログラムを書くためには、何が必要なのでしょうか。ここであらかじめ整理しておきましょう。

プログラムを書くために必要なもの

プログラムは、プログラミング言語で作成するものだと解説しました。また、パソコンがプログラムを実行するために、コンパイルが必要になるとも解説しました。そのほかにもプログラムを作るためには、さまざまな機器やツールが必要となります。とはいえ、極端に専門的な環境が必要かというと、そうではありません。必要なハードウェアとソフトウェアを、ここでひと通り確認しておきましょう。

■ ハードウェア

プログラミングに使用するパソコンは、特にハイスペックである必要はなく、一般的なもので構いません。デスクトップパソコンでもノートパソコンでも使用できます。ただしコンパクトなノートパソコンを使用する場合、キーボードやタッチパッドが小さかったりして、作業がスムーズにできないこともあるでしょう。状況によっては、外付けキーボードや外付けマウスを使用することを推奨します。また、OS は Windows と Mac のどちらでも構いません。なお本書では、Windows 10 搭載のパソコンを使用します。

■ ソフトウェア

プログラミングで注意が必要なのは、主にソフトウェアです。必要なものは以下のとおりで、これから 1 つずつ解説していきます。

- ・プログラミング言語
- ・エディタ
- ・コンパイラ
- ・コマンドラインインタプリタ
- ・統合開発環境（IDE）

038

図01 プログラムの作成に必要なもの

プログラム作成時に必要なソフトウェア

■ プログラミング言語

　一般に販売されているパソコンで最初から利用できるプログラミング言語は、少ししかありません。本書で解説する Python も通常はパソコンにインストールされていないため、まずは公式サイトからダウンロードして、利用できる状態にする必要があります。

■ エディタ

　プログラムの作成には、テキストを編集することができるツール、エディタを使います。Windows のエディタとして有名なものは、「メモ帳」や「サクラエディタ」などです。ただしメモ帳の場合、本来ちょっとしたメモを書き留めるツールのため、膨大な量のコードでは使いにくさが出てきます。そこで登場するのが、後述する「総合開発環境」です。

■ コンパイラ

P.036 で紹介したコンパイラ型言語では、機械語に翻訳するためのツール、コンパイラが必要となります。これは、プログラミング言語をダウンロードする際にセットになっていることがほとんどなので、単体でダウンロードすることは、あまりありません。なお、Pythonなどのインタプリタ型言語では、コンパイラは不要です。

■ コマンドラインインタプリタ

パソコンのシステムをユーザーが操作するときの接触部分を UI（User Interface）と呼びます。今ではほとんどのパソコンが、マウスやタッチパネルでアプリケーションのアイコンをクリック／タップできるような、視覚的な UI、GUI（Graphical User Interface）を採用していますね。しかし、そうした GUI が登場するまでは、文字列ばかりの「コマンド」のやり取りでパソコンを操作する CUI（Character User Interface）が採用されていました。プログラミングで使用される「コマンドラインインタプリタ」は、こうした CUI のツールです。

たとえば GUI の場合、マウスでフォルダやファイルをドラック＆ドロップすると、それらが移動しますね。一方、Windows のコマンドラインインタプリタである「コマンドプロンプト」では、「mv」というコマンドを使って移動前と移動先の場所をキーボードで入力することで、同じ動作を実現します。CUI は、パソコンの初心者にとっては、コマンドを知らないと動かすことができないというデメリットがありますが、使いこなせば GUI よりも速く便利に操作することができます。

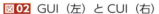
図02 GUI（左）と CUI（右）

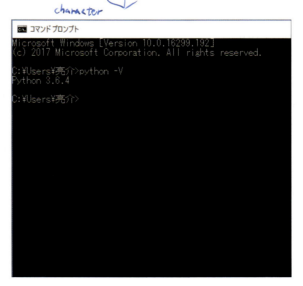

本書では、Windows 7以降のWindowsに搭載されている「PowerShell」というコマンドラインインタプリタを一部利用して、プログラムを開発します。操作方法などについては、次章を参照してください。

図03 PowerShellの画面

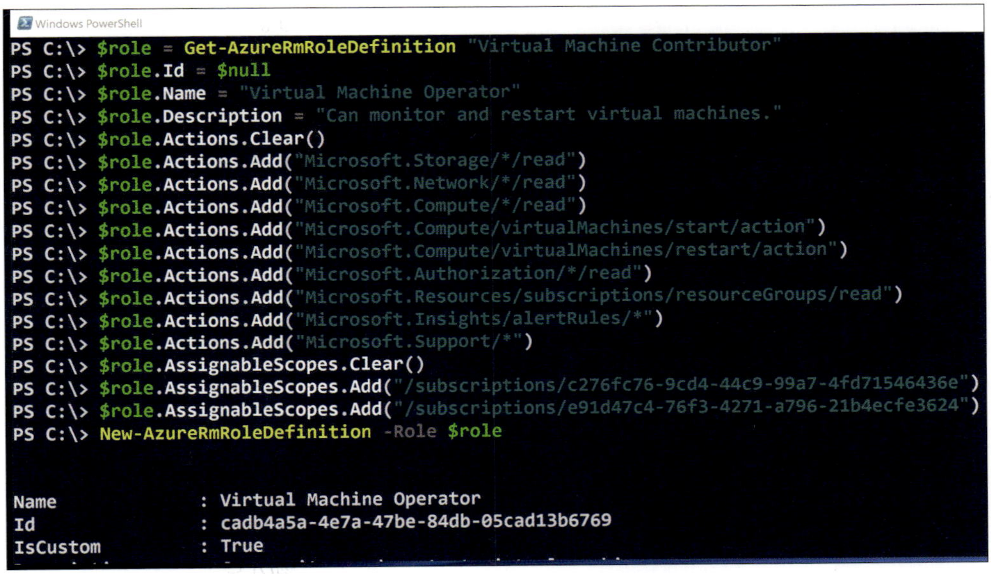

```
PS C:\> $role = Get-AzureRmRoleDefinition "Virtual Machine Contributor"
PS C:\> $role.Id = $null
PS C:\> $role.Name = "Virtual Machine Operator"
PS C:\> $role.Description = "Can monitor and restart virtual machines."
PS C:\> $role.Actions.Clear()
PS C:\> $role.Actions.Add("Microsoft.Storage/*/read")
PS C:\> $role.Actions.Add("Microsoft.Network/*/read")
PS C:\> $role.Actions.Add("Microsoft.Compute/*/read")
PS C:\> $role.Actions.Add("Microsoft.Compute/virtualMachines/start/action")
PS C:\> $role.Actions.Add("Microsoft.Compute/virtualMachines/restart/action")
PS C:\> $role.Actions.Add("Microsoft.Authorization/*/read")
PS C:\> $role.Actions.Add("Microsoft.Resources/subscriptions/resourceGroups/read")
PS C:\> $role.Actions.Add("Microsoft.Insights/alertRules/*")
PS C:\> $role.Actions.Add("Microsoft.Support/*")
PS C:\> $role.AssignableScopes.Clear()
PS C:\> $role.AssignableScopes.Add("/subscriptions/c276fc76-9cd4-44c9-99a7-4fd71546436e")
PS C:\> $role.AssignableScopes.Add("/subscriptions/e91d47c4-76f3-4271-a796-21b4ecfe3624")
PS C:\> New-AzureRmRoleDefinition -Role $role


Name       : Virtual Machine Operator
Id         : cadb4a5a-4e7a-47be-84db-05cad13b6769
IsCustom   : True
```

■ 統合開発環境（IDE）

　統合開発環境は、IDE（Integrated Development Environment）と呼ばれるソフトウェア開発環境です。これまでに説明したエディタやコンパイラなどは、もともとバラバラに存在していたため、いろいろなソフトウェアを同時に使いながらプログラムを開発しなければいけませんでした。そういった不便を解消すべく登場したのが、それら必要なソフトウェアすべてを統合した、IDEです。

　IDEを使うメリットは、あらゆるソフトウェアが一気に賄えることだけではありません。たとえば、プログラミング言語によって書き方が変わる文法の正誤をリアルタイムでチェックしてくれたり、関数をタイピングしている途中で関数を補完してくれたりする機能もあります。いずれもプログラムの開発スピードを上げてくれる便利な機能で重宝します。また、チームでプログラムを開発するときに、同じIDEを利用しておけば、互いのソフトウェア間で何らかのバグが起こるようなこともなく、安心して開発を進めることができるというメリットがあります。

図04 Eclipseの画面

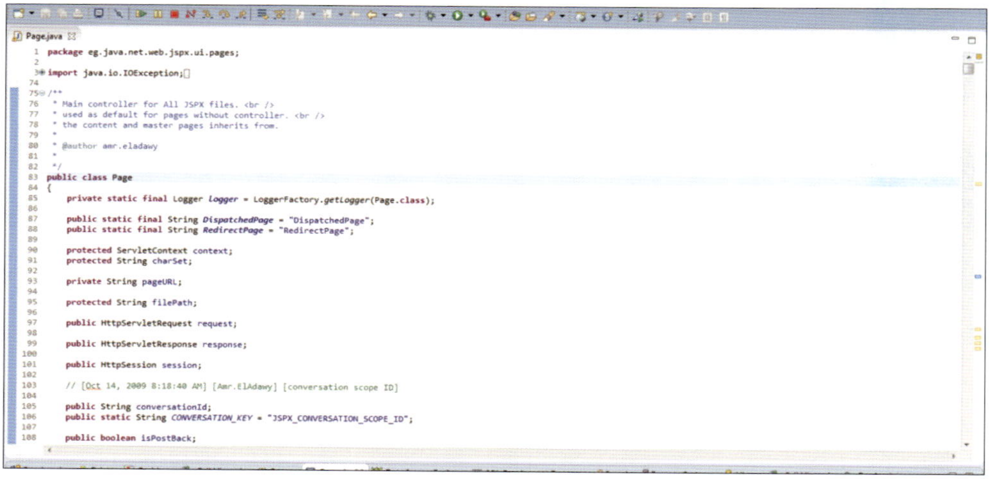

　多くのプログラミング言語に対応しているものから、特定の言語に特化したものまで、さまざまです。たとえば、**図04** の「Eclipse」（イクリプス、またはエクリプス）は、IBMによって開発されたIDEです。最初はJavaを開発するために作られた開発ツールでしたが、徐々に新しい言語も扱えるようになり、今ではIDEの代表格となっています。そのほかには、マイクロソフトが提供している「Visual Studio」シリーズが有名で、PythonのほかC++、R言語などに対応しています。なお、Pythonには「IDLE」（Integrated DeveLopment Environment）というIDEが付属しており、本書ではこれをメインに使用します（P.064参照）。

第1章のまとめ

　いかがでしたか？　1章では、主に下記について解説しました。
- プログラムの概念
- プログラムのしくみや動き
- プログラミング言語の概要
- プログラムを作成するためのツール

　プログラムを早く作成したい読者もいるかもしれませんが、プログラムは、学習する領域が非常に広いため、そもそもの概念や、周辺の知識をしっかり固めておかないと、思わぬところで壁にぶつかってしまいます。次章では、Pythonについてより詳しく解説していきますが、第1章と同様、基礎知識が豊富にありますので、しっかりと基礎固めをがんばりましょう。

第 2 章

Pythonの導入

この第 2 章から、実際に Python を使用してプログラミングを学習していきます。まずは Python をパソコンにインストールし、基本的な操作方法から覚えていきましょう。

# Pythonとは？

プログラムやプログラミング言語の基本について把握できたところで、Pythonについて確認していきましょう。そもそもPythonとは、どのように誕生し、どのような特徴を持つ言語なのでしょうか。

Pythonとは

　Pythonは、1991年に開発されたインタプリタ型言語（P.036参照）にあたるプログラミング言語です。さまざまなバージョンアップをくり返し、数あるプログラミング言語の中でも最近とくに人気が高まってきている言語の1つです。

■ 世界的にも人気が高い

　オランダのTIOBE Software社が定期的に発表しているプログラミング言語ランキングでは、2018年3月時点でPythonが第4位（インタプリタ型言語では第1位）に入っています。2017年には第5位にランクインしていたため、より人気が高まっていることがわかります。また、ビズリーチが運営している求人検索エンジン「スタンバイ」が発表した「プログラミング言語別 平均年収ランキング2017」によれば、Pythonを利用しているエンジニアの平均年収は、実に約601万円で、第2位（第1位は「Scala」）となっています。このことからPythonが、世界的に人気の言語であるだけでなく、これからスキルアップとして習得すべき言語でもあるといえるでしょう。

図01 TIOBE Softwareによるプログラミング言語ランキング
https://www.tiobe.com/tiobe-index/

Feb 2018	Feb 2017	Change	Programming Language	Ratings	Change
1	1		Java	14.988%	-1.69%
2	2		C	11.857%	+3.41%
3	3		C++	5.726%	+0.30%
4	5	▲	Python	5.168%	+1.12%
5	4	▼	C#	4.453%	-0.45%
6	8	▲	Visual Basic .NET	4.072%	+1.25%
7	6	▼	PHP	3.420%	+0.35%

044

■ 暇つぶしからできたPython

　Pythonを開発したのは、オランダ人のグイド・ヴァンロッサム氏です。1989年12月のクリスマス前後に、彼は暇つぶしのために以前から考えていた新しいインタプリタ型言語を作ってみようと思い立って開発し、大好きだったテレビ番組「空飛ぶモンティ・パイソン」からPythonと名付けました。なおPythonは、英単語でニシキヘビの意味を持っているため、下の画像のようにニシキヘビを模したマスコットをロゴとして採用しています。

図02　Pythonのロゴ

　ヴァンロッサム氏は、「万人のためのコンピュータプログラミング」と題された出資申請書の中で、Pythonの目標を次のように定義しています。

- 容易かつ直感的な言語で、主要な言語と同程度のパフォーマンスを持たせる
- オープンソースで誰でも開発に参加できる
- かんたんなコードで英語もシンプルにする
- 開発時間を短くできるような設計にする

　このように、あらゆる点で敷居が低くなるような目標を掲げて開発されたため、全体的に誰にでも扱いやすいものとなり、普及につながったと言えるでしょう。

図03　Pythonの開発画面

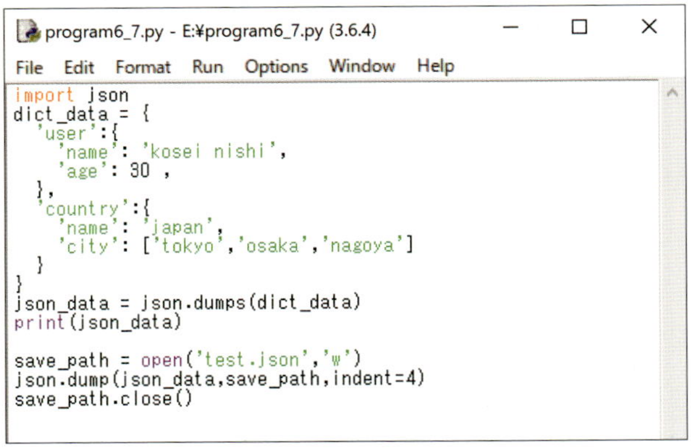

どこで利用されているのか

　Pythonが利用されている代表的なサービスには、「Google」や「Dropbox」などがあります。囲碁で初めてプロ棋士を互先（ハンデキャップなし）で破ったことで話題になった、人工知能アルゴリズムの「AlphaGo」も、Pythonで書かれています。また、Pythonは汎用的に利用できるため、サービスの特定部分の処理プログラムのみPythonで書くという例も少なくありません。

　このように、実際の開発現場でも利用シーンが多く、実績豊富であることがわかりますね。そのため現在では、人工知能のような機械学習の領域でPythonを使うことができるエンジニアが、とても重宝されています。

Pythonの特徴

■ コードが読みやすい

　Pythonは、コードの読みやすさを重視して設計されました。その反面、実行速度はC言語などよりも遅くなっています。しかし、パソコンのスペックが年々向上しているため、それが気になるケースは少なくなってきています。もっとも、大規模なサービスで多くの人が利用するなど、速度を気にする場合には注意しなければなりません。

■ 汎用的に使える

　Pythonは、WindowsのほかMacやLinuxなど、さまざまなOS（オペレーティングシステム）で利用することができます。そのため、複雑な計算をするゲームやロボットを操作するためのアプリケーションだけでなく、Webサイトや人工知能を用いた機械学習など幅広い場面で利用でき、最初に学ぶ言語としては最適です。

■ オープンソースでさまざまなライブラリが揃っている

　Pythonの強みは、「オープンソース」で充実した「ライブラリ」を持っていることです。ライブラリとは、特定の機能を持ったプログラムの集まりです。たとえば、Excelのような表計算ができるようになる「Pandas」や、Webサイトからデータを取得するときに使える「Requests」などがあります。またオープンソースとは、中身を全世界に公開していることです。つまり、Pythonがどうやってプログラムを実行しているかを見ることができ、改良もできるため、Pythonは世界中のエンジニアたちによって日々進化しているのです。

■ Pythonは学びやすい

　このように Python は、非常に扱いやすくも活用性が高い優れたプログラミング言語なのです。実際に、<mark>とてもシンプルにプログラムを書くことができます。</mark>

　この本の読者には、初めて学ぶプログラミング言語が Python だという人が少なくないかもしれませんが、もし C 言語や Java を扱ったことがある人であれば、違いがよりわかりやすいかもしれません。今回は、Python がどれだけシンプルであるかを説明するため、プログラミング言語ごとのコードの行数を比較します。プログラミング言語を学ぶときに、最初に書くプログラムとして有名な、「Hello World!」と表示させるコードを例に比較してみましょう。

C 言語
```c
#include<stdio.h>
void main() {
  print('Hello World!');
  return 0;
}
```
5 行も必要

Java
```java
public class HelloWold {
  public static void main (String[] args){
    System.out.println("Hello World!");
  }
}
```
5 行も必要

Python
```python
print('Hello World!')
```
1 行で OK

　このように、<mark>ほかの言語では複数行で書く必要があることを、Python ではたった 1 行で済ますことができます。</mark>もっとも、単に行数が少なければそれでよいというわけではありません。しかし、上記の C 言語の例では「include」や「stdio.h」といった難しいコードが 1 行目から入っており、初心者はその意味をすぐには理解できません。その点 Python は、できる限りシンプルに書けますし、意味としてもわかりやすい単語を扱うため、非常に学びやすいのです。

Pythonのバージョンって何？

オープンソースで日々改良されているPythonは、これまでにさまざまなバージョンアップを遂げてきました。公式サイトからダウンロードできるものにも、2つのバージョンがあります。何が違うのでしょうか。

Pythonのバージョンの歴史

STEP 1で、Pythonがオープンソースであり、世界中のエンジニアによって日々改良されているということを解説しました。そのため、現在のバージョンPython 3.xに至るまでに、さまざまな進化がありました。

■ Python 0.9x

1991年にグイド・ヴァンロッサム氏が最初のバージョンとしてPython 0.90のコードを公開しました。3章以降の実際のプログラミング部分で出てくる「継承」や「クラス」などの高度な要素も、この時点ですでに盛り込まれていました。

■ Python 1.x

1994年1月に次のバージョンとなるPython 1.0が公開されました。バージョンアップの主な特徴は、「ラムダ計算」や「map()関数」などといった、計算に用いられる関数（P.168参照）に関する要素が組み込まれたことです。

■ Python 2.x

2000年には、メモリ管理を効率的にしてくれる「ガベージコレクション」や文字コードの業界規格である「Unicode」を導入し、メジャーなプログラミング言語へと進化しました。Python 2.6以降では、Python 3.xへの移植を助けるための「2to3」ツールなども追加されています。なお、サポートは2020年までとされています。

■ Python 3.x（現在）

2007年8月にPython 3.0のテストバージョンである「α1」がリリースされ、長い試験期間を経て、2008年12月にPython 3.0が正式にリリースされました。

■ どうしてこれほどバージョンが変わるのか

このように、Pythonは 3.x になるまでに 3 段階の変化を遂げてきました。それぞれのバージョンの中での細かい仕様の変化も加えると、さらに多くの変化があります。

わざわざ仕様までをも変えては面倒ではないかと思う人もいるかもしれません。しかし、インターネットが進化し、とてつもないスピードで変化している社会に、従来の仕様のまましっかりと対応することは容易ではありません。そのため、Pythonはプログラミング言語としてのパフォーマンスを上げるために、常に仕様も含めたさまざまな進化を続けているのです。そのことが、多くの人に利用されている 1 つの大きな理由なのではないでしょうか。

Python 2.xと3.xがそれぞれ存在している理由

Python 2.x と Python 3.x は、現在でもそれぞれが存在しています。Python 1.x から Python 2.x へのアップデートと、Python 2.x から Python 3.x へのアップデートでは、大きく状況が異なっていたためです。

■ 既存システムの移植が難しい

Python 3.x が公開されるまでの間、メジャーとなった Python 2.x はさまざまなエンジニアによって利用されていました。また、オープンソースで開発も進められるため、たくさんのエンジニアがライブラリを公開していたのです。

そのような中で、Python 3.x がリリースされました。機能としては申し分ありませんでしたが、Python 2.x との互換性がないところが部分的にあり、ライブラリを Python 3.x に移行しないケースも多くありました。そのため、ユーザーが現在のサービスを Python 3.x に移行せず Python 2.x のまま続行するケースが多くなり、Python 2.x のサポートをそのまま続けていく形となったのです。

図01 Python 2.x の存続

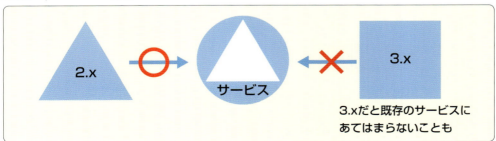

■ 今からPythonを学ぶならどちらがよい？

　Python 3.x もリリースから約10年が経ち、新しいライブラリやサービスが Python 3.x から続々と公開されるようにもなったため、2020 年には Python 2.x のサポートが終了することになりました。そのため、今から Python を学んだり導入したりする場合は、Python 3.x を選ぶとよいでしょう。

Python 2.xと3.xの違い

　本書では、Python 3.x を利用して解説するものとします。しかし、ほかのサービスのプログラムを見たときに、それが Python 2.x のものか Python 3.x のものかを判断できるように、それぞれの書き方の違いをあらかじめ少し紹介しておきます。

■ 文字を表示するprint()関数

　Python 2.x と Python 3.x の書き方の違いとして有名なものが「print」です。「print」は、文字を表示するときに利用するものです。P.047 では、ほかのプログラミング言語との比較例で使用しましたね。その「print」は、Python 3.x から関数化されました。関数については P.168 で詳しく解説するとして、まずは下記の例を見てみましょう。

```
Python 2.x
print 'Hello World!'
```

```
Python 3.x
print('Hello World!')
```

　このように、関数となったことで、コードの記述が一部異なるようになったのです。具体的な記述方法については追って解説していくので、ここでは一部に違いがあるということだけ理解できれば十分です。

■ 除算（割り算）

　Python 2.x では、整数同士を割り算するときに「/」を利用しますが、その計算結果として、余りが切り捨てられて整数が返ってきました。これは C 言語と同じ処理です。しかし Python 3.x では、同じ「/」を利用して割り算を行うと、得られる値が小数になりました。

050

```
Python 2.x
>> 5 / 2
2
```

```
Python 3.x
>> 5 / 2
2.5
```

ちなみに、Python 2.xと同じ値を得るためには、「/」を「//」にして実行する必要があります。

```
Python 3.x
>> 5 // 2
2
```

プログラムでは、データの型（P.106参照）がとても重要になってくるため、このように割り算で得られる値が整数の型から小数の型へと変わったことは、大きな変化といえます。

■ 見た目以上に変わる処理

このように、書き方としては少しの変化ではありますが、実際にPython 2.xからPython 3.xに移植しようとすると、内部の処理を大きく変えなければいけないことがわかるでしょう。そのため、Python 2.6以降から、変換用の「2to3」ツールなどがライブラリとして含まれるようになったのです。

このことは、Python以外のプログラミング言語でも同様です。バージョンによってできることとできないことが数多くあるため、新しいバージョンが登場したからといってすぐにアップデートするのではなく、まず変更点をしっかり見極めることが重要です。

図02 アップデートによる変更点に注意

パソコンで Python を使えるようにしよう

まずは、公式サイトから Python をダウンロードして、パソコンにインストールしましょう。パソコンの環境によってインストーラーが異なることに注意してください。ここでは、Windows 10 の Microsoft Edge を使用して解説します。

自分のパソコンの環境を知る

　ここでは、パソコンの OS や bit 数を確認してから、Python のインストールに移ります。なぜなら、Python をインストールするときに利用する「インストーラー」には、OS や bit 数に応じた種類があるためです。間違ったインストーラーを選んだ場合、正常に動作しない場合もあるため、一度パソコンの環境を確認してから Python をインストールしましょう。すでにパソコンの環境を知っている人は、P.054 の「Pythonのインストーラーをダウンロードする」までスキップしても構いません。

　まずは、以下の手順で「システム」を起動してください。

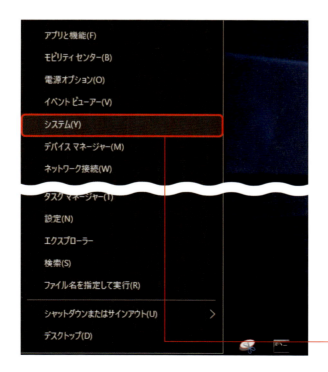

❶デスクトップ画面左下の■を右クリックする

❷「システム」をクリックする

「システム」が起動し、「バージョン情報」画面が表示されます。==デバイスの仕様==の「システムの種類」に表示されている「xx-bit」が、システムのbit数です。「64-bit」または「32-bit」と表示されているはずです。また、==「Windowsの仕様」の「エディション」には、OSの詳細が表示されます。==本書で使用するパソコンは、以下のとおり「64bit」の「Windows 10 Pro」です。

❶「システムの種類」で「64-bit」か「32-bit」かを確認する

	バージョン情報
ホーム	
設定の検索	デバイスの仕様
システム	デバイス名　home-pc
ディスプレイ	プロセッサ　Intel(R) Core(TM) i5-4300U CPU @ 1.90GHz 2.50 GHz
通知とアクション	実装 RAM　4.00 GB
電源とスリープ	デバイス ID　5D75A611-ADDC-4B4A-AC14-37D11A14D6A8
バッテリー	プロダクト ID　00330-80000-00000-AA350
ストレージ	システムの種類　64-bit operating system, x64-based processor
タブレットモード	ペンとタッチ　10 タッチ ポイントでのペンとタッチのサポート
マルチタスク	このPCの名前を変更
このPCへのプロジェクション	Windows の仕様
	エディション　Windows 10 Pro
	バージョン　1709

❷「エディション」でOSの詳細を確認する

　なお、Macの場合は、デスクトップ画面左上の🍎をクリックし、「このMacについて」をクリックすると、OSの詳細が確認できます。ただし、OSのbit数を確認するには、続いて「システムレポート」をクリックし、「プロセッサ名」を確認して、プロセッサのbit数をインターネットなどで調べる必要があります。

> **MEMO ◆ 32bitと64bitの違い**
>
> 今回確認した32bitや64bitなどのbit数は、パソコンやOSを購入する際に出てくるキーワードです。そもそもこれは、何を示しているのでしょうか。実はパソコンは、最終的には「0」と「1」を使って情報を処理しており、そのときの最小単位を「1bit」というのです。そして、演算処理を行うCPUが64bitのものと32bitのものがあるため、bit数の区別が必要になります。64bitのシステムでは、32bitのものよりも多くのbit数を利用するため、高度な計算をスムーズに行うことができます。インターネットを利用するくらいであればあまり差は出ませんが、たくさんのデータを使ったプログラムや最新のPCゲームを扱うのであれば、64bitのシステムを選ぶべきです。なお、64bitのCPUでは32bitのプログラムも実行できますが、32bitのCPUでは64bitのプログラムは実行できません。

第2章　Pythonの導入

Pythonのインストーラーをダウンロードする

　それではここから、Pythonのインストールの手順を説明します。Pythonの公式サイトでは、WindowsやMacなどさまざまなシステムに対応したPythonをダウンロードできます。まずは、「インストーラー」というソフトウェアをダウンロードします。本書では、Windows 10を搭載した64bitのパソコンで、最新バージョン（2018年3月時点）のPython 3.6.4のインストーラーをダウンロードし、そのままインストールします。

　まずは、ダウンロードページ「https://www.python.org/downloads/」にアクセスしましょう。

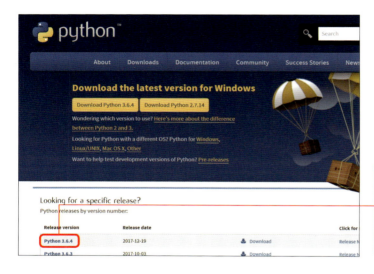

❶タスクバーの e をクリックしてMicrosoft Edgeを起動し、「https://www.python.org/downloads/」にアクセスして、「Python 3.x」（ここでは「Python 3.6.4」）をクリックする

MEMO ◆ Pythonのバージョン

2018年3月時点のPythonの最新バージョンは「Python 3.6.4」ですが、より新しいバージョンが公開された場合は、この数字が異なる場合があります。その場合は、最新バージョンをダウンロードしてください。

❷64bitのパソコンであれば「Windows x86-64 executable installer」をクリックする

32bitのパソコンであれば「Windows x86 executable installer」をクリックする

Pythonのインストーラーを実行してインストールする

インストーラーのダウンロードが完了すると、実行するか確認してくれます。<mark>下記のように「実行」をクリックしましょう。</mark>「保存」をクリックするとインストーラーは実行されず、保存のみ行われます。

インストーラーを実行すると下の画面が表示されます。<mark>画面下部の「Add Python 3.6 to PATH」のチェックボックスをクリックしてチェックを付けて、「Install Now」をクリックします。</mark>「Setup was successful」とインストールが完了したら、「Close」をクリックして、実際に動くか確認していきましょう。

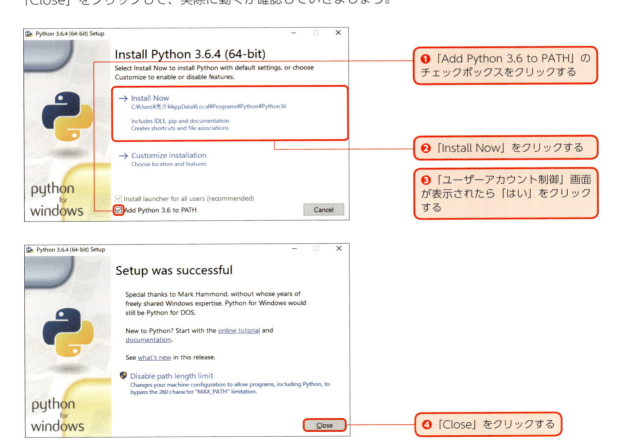

PowerShellでPythonを確認する

■ PowerShellを起動する

　Pythonのインストールが完了したら、コマンドラインインタプリタのPowerShell（P.041参照）で、Pythonが使えるか確認してみましょう。まずはPowerShellを起動します。なお、以降この章では、PowerShellでPythonのプログラムを実行していきます。

　下のような青い画面が表示されたら、PowerShellの起動は成功です。

■ Pythonのバージョンを確認する

　PowerShellでは、「PS C:¥Users¥ユーザー名＞」と書いてある部分から入力することができます。「C:」はCドライブ、「¥○○」は「○○」フォルダを意味し、Cドライブの「Users」フォルダの「ユーザー名」フォルダで作業していることを指しています。なお、「ユーザー名」には各パソコンのユーザー名が表示されていることに注意してください。

　まずは、下のように「python -V」と入力して、Enterキーを押してみましょう。Pythonのバージョンが表示されれば、正常に動作していることになります。なお、このとき「python-V」のように「-V」の前の半角スペースを省略したり、「python -v」のように「V」を小文字にしたりすると正常に動作しないことに気を付けましょう。

```
PowerShell
PS C:¥Users¥ユーザー名> python -V
Python 3.6.4                         ← Pythonのバージョンが表示される
```

図01 PowerShellでの確認画面

　詳しく意味を解説しましょう。P.055でPythonをインストールしたときに、「Add Python 3.6 to PATH」にチェックを付けましたね。PATHとは、パソコンにとってのデータがある場所までの道筋だと思ってください。「Python ○○」と書くことで、インストールしたPythonへのPATHを通って、Pythonを利用できるのです。また、「-V」はversionの略称で、バージョン情報を意味するため、これを表示できるのです。なお、下記のように「python --version」と入力してEnterキーを押しても、同じ結果が表示できます。

```
PowerShell
PS C:¥Users¥ユーザー名> python --version
Python 3.6.4                         ← Pythonのバージョンが表示される
```

PythonでプログラムをST実行する方法

Pythonには、「インタラクティブモード」と「スクリプトモード」という、プログラムを実行するための2つのモードがあります。この節では、各モードのかんたんな解説を行います。違いを把握しておきましょう。

Pythonの2つのモード

さっそくPythonのプログラムを実行してみましょう。Pythonのプログラムを実行するモードには、「インタラクティブモード」と「スクリプトモード」という2つがあります。2つのモードにはそれぞれ長所と短所があるため、まずはかんたんに把握しておきましょう。各モードの詳しい使用方法については後のSTEPで解説していきますので、ここでは画面や図を見ながら雰囲気だけ掴んでみてください。

■ プログラムを実行してくれるプログラム

プログラムを実行してくれるのも、実はプログラムです。もっともP.040で解説したように、Pythonには、C言語のようにプログラムを機械語に変換してくれるコンパイラがありません。そのかわり、プログラムを機械語に変換しながらその内容を少しずつ実行するインタプリタというプログラムがあります。

インタラクティブモードとスクリプトモードでは、このインタプリタの使い方が異なります。インタラクティブモードでは、プログラムを1行入力するごとに、インタプリタを実行します。一方スクリプトモードでは、プログラムのファイルをインタプリタに渡して実行するのです。

インタラクティブモード

インタラクティブモードとは、和訳すると「対話モード」という意味になります。Pythonに、「このプログラムだとどんな答えになる？」と訊くと、「こんな答えになるよ」と対話のように答えてくれる形です。このモードは、ちょっとしたプログラムを確認するときによく利用されます。

「Hello World!」と表示させるプログラムを、PowerShellのインタラクティブモードで実行したときの流れは、以下のとおりです。

```
PS C:¥Users¥ユーザー名> python ⏎     PowerShellで「python」と入力して
Python 3.6.4 ……                    インタラクティブモードを立ち上げる
>>> print('Hello World!') ⏎         起動したPythonのバージョン
Hello World!                        実行したいプログラムを入力する
>>>                                 インタプリタがプログラムを実行した結果
```

■ 起動と実行

　起動の部分から順に確認していきましょう。Pythonのインタラクティブモードの起動はかんたんで、PowerShellで「python」と入力してEnterキーを押すだけでできます。このときの注意点は、入力する文字の種類です。文字には「全角」と「半角」がありますが、PowerShellでは常に半角で入力してください。なお、頭文字を大文字にして「Python」と入力してEnterキーを押しても、問題ありません。Pythonのバージョンが表示され、次の行に「>>>」が表示されれば起動完了です。この「>>>」をプロンプトと呼び、プログラムを受け付けている状態を意味します。「>>>」に続いてプログラムを入力し、Enterキーを押せばプログラムが実行されます。ここでは、「print('Hello World!')」というプログラムを入力し、Enterキーを押すことで、「Hello World!」と表示させています。なお、P.050でも解説したように、ここで登場するprint()関数は文字列を表示させるときに利用するもので、続くカッコ内で文字列を指定します。このときの注意点は、表示させたい文字列（ここでは「Hello World!」）の両端に、シングルコーテーション（'）を付けることです。

■ エラー表示

　コードの文法などが間違っていると、下のようにエラーを表示してくれます。

図01 エラー表示の例

```
PS C:¥Users¥亮介> python
Python 3.6.4 (v3.6.4:d48eceb, Dec 19 2017, 06:54:40) [MSC v.1900 64 bit (AMD64)] on win32
Type "help", "copyright", "credits" or "license" for more information.
>>> aaaaa
Traceback (most recent call last):
  File "<stdin>", line 1, in <module>
NameError: name 'aaaaa' is not defined
>>>
```

■ 終了方法

インタラクティブモードを終了して、もとの PowerShell の入力にしたい場合は、「exit()」か「quit()」のどちらかを入力して、Enterキーを押しましょう。「>>>」が「PS C:¥Users¥ ユーザー名 >」に戻れば終了です。

図02 インタラクティブモードの終了

■ インタラクティブモードの長所と短所

大きなプログラムのある部分で利用するコードの動きをすぐに知りたいときなどに、インタラクティブモードを利用するケースが多いです。大きなプログラムをすべて実行し、動きを知りたい部分が実行されるまで待っていると時間がかかるため、部分的にすぐに調べられるインタラクティブモードは便利なのです。

インタラクティブモードの短所は、複数行で構成されているプログラムを実行するときに不便なことです。インタラクティブモードを終了すると内容が保持されないため、あくまでちょっとしたプログラムを確認する際に利用する形がよいでしょう。

図03 部分的なコードをすぐ実行できるインタラクティブモード

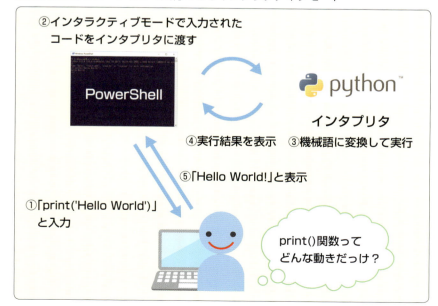

スクリプトモード

次に、スクリプトモードについて見ていきましょう。スクリプトモードの「スクリプト」とは、和訳すると原稿や脚本などを意味しています。==プログラムにおいては、コードを書いたプログラムデータのことを指し、「スクリプトファイル」==などと呼ばれます。下図は、「Hello World!」と表示するスクリプトファイル「helloworld.py」を、Windowsに標準搭載されているソフト「メモ帳」を使って開いた状態です。

図04 メモ帳で開いた「helloworld.py」

```
helloworld - メモ帳
ファイル(F) 編集(E) 書式(O) 表示(V) ヘルプ(H)
print('Hello World!')
```

スクリプトファイル「helloworld.py」をPowerShellのスクリプトモードで実行して、「Hello World!」と表示するまでの流れは、以下のとおりです。

DATA helloworld.py

```
PS C:\Users\ユーザー名> python .\helloworld.py  ←Pythonのインタプリタにスクリプトファイルを教えて渡す
Hello World!  ←インタプリタがスクリプトファイルを実行した結果
PS C:\Users\ユーザー名>
```

この例の具体的な操作や表示の意味については、次のページで確認していきましょう。ぜひインタラクティブモードとの違いに注目してみてください。

> **MEMO ◆「.py」の意味**
>
> Pythonのスクリプトファイルは、「helloworld.py」のように、最後に「.py」という文字が入ります。これは、ファイルがどのような形式で動くファイルなのかをパソコンが判断するための文字「拡張子」です。そのほかに、Webページを意味する「.html」や、音楽の形式の一種「.mp3」など、さまざまな拡張子があります。

■ 起動と実行

　スクリプトモードには、モードの起動というものがありません。インタラクティブモードとの違いを明確にするために、あえてスクリプトモードと呼んでいるにすぎず、厳密には「モード」ではないからです。強いて言うとすれば、Pythonのプログラムを機械語に変換して実行するインタプリタに、スクリプトファイルの場所を教えてあげることが、スクリプトモードの起動にあたります。PowerShellでスクリプトファイルをPythonのインタプリタに渡すには、「python .¥」と入力したあとに、スクリプトファイル名を入力し、Enterキーを押します。こうすると、実行したスクリプトファイルの結果をPowerShellの画面上に表示してくれます。

図05 スクリプトファイルの実行

　上図は、先ほどの「helloworld.py」を実行した結果です。「Python .¥」のあとにスクリプトファイル名「helloworld.py」を入力してEnterキーを押すことで、「Hello World!」と表示しています。実行後は、そのままPowerShellの入力モードに戻ります。
　なおここでは、「ユーザー名」フォルダ内の「Desktop」フォルダにあるスクリプトファイルを実行するため、あらかじめ作業場所を「PS C:¥Users¥ユーザー名¥Desktop>」に変更しています。このように変更するには、「cd Desktop」と入力してEnterキーを押します。「cd」というコマンドは作業場所（フォルダ）を指定するもので、現在の作業場所の中のフォルダを指定する場合は、「cd フォルダ名」と入力してEnterキーを押します。現在の作業場所と全く別のフォルダを指定する場合は、「cd C:¥ フォルダ名 ¥ フォルダ名」などと入力してEnterキーを押します。

■ エラー表示

　中身のコードの文法などが間違っていると、エラーを表示してくれます。

図06 エラー表示の例

■ スクリプトモードの長所と短所

　スクリプトモードは、通常のまとまったプログラムの実行に用いられます。プログラムの量が多いときには、このモードを利用するとスムーズです。

　スクリプトモードの短所は、プログラムのちょっとした部分をすぐに確認したいときに時間がかかってしまうことです。インタラクティブモードの長所と同じですね。

■ スクリプトモードでのプログラム実行までの流れ

　まずは、スクリプトファイル（ここでは「helloworld.py」）を作成します。スクリプトファイルの作成については、第3章で詳しく解説します。次に、PowerShellでスクリプトファイルの場所をインタプリタに教えてあげて実行し、その結果を表示します。

　下図は、この流れを図解したものです。インタラクティブモードと全体的な流れは似ていますが、スクリプトモードでは、スクリプトファイル自体をインタプリタに渡しているところが大きな違いですね。

図07 スクリプトファイル自体を実行するスクリプトモード

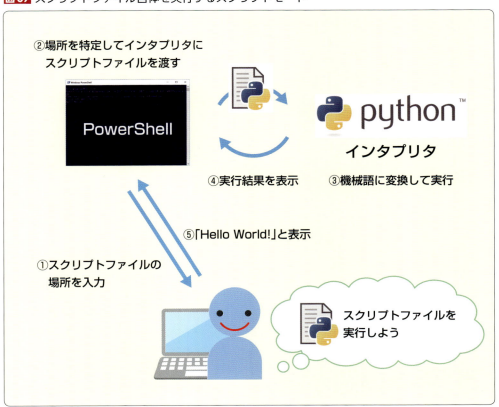

プログラムを書く環境を設定しよう

Python用の総合開発環境（IDE）として「IDLE」があります。ここからはIDLEを使って開発を進めていくため、起動の方法と実行方法などを解説します。

IDLEとは？

　P.041～042でプログラムを書くうえで必要なツールとして、統合開発環境（IDE）を紹介しました。Python用の統合開発環境としては、「IDLE」（Integrated DeveLopment Environment）があります。これまではPowerShellを使用してプログラムの解説を行ってきましたが、以降本書では、基本的にこのIDLEを使用して解説を行っていきます。

　なお IDLEは、Pythonをインストールするといっしょにインストールされるため、あらためてダウンロードなどをする必要はありません。

■ 文法エラーを少なくするハイライト機能

　ところで、IDLEはどのような点が便利なのでしょうか。これまでに取り上げた、「Hello World!」のプログラムを例に見てみましょう。

DATA helloworld.py
```
print('Hello World!')
```

　注意点は、シングルコーテーション（'）を表示したい文字列の両端に付けることでしたね。この1行だけなら少し注意すれば問題なさそうですが、プログラムを書いていくと、コードは何百行、何千行と増えていき、どこかで見落としをしてしまうものです。プログラムは、1箇所でも文法が間違っているとエラーとなり正常に動作しません。しかし、IDLEにはこうした間違いを発見しやすくする機能があるのです。

　IDLEでコードを書くと、文字を表示するprint()関数をピンク色に、シングルコーテーションで括った文字列「Hello World!」を緑色に強調してくれます。これをハイライト機能と呼び、コードの見やすさを向上させてくれます。

図01 IDLE（上）とメモ帳（下）のハイライトの違い

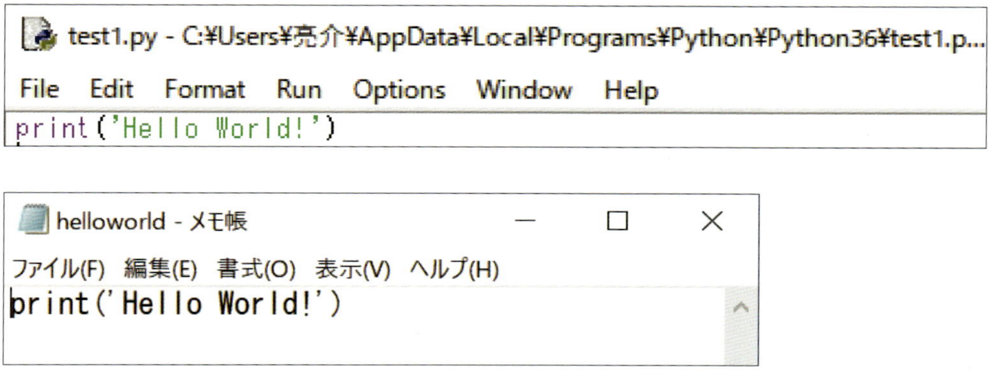

■ プログラム実行画面と編集画面の区分け

　コードが何百行、何千行にもなるプログラムになると、実行してみて結果を確認し、またコードを書くといった作業を交互に行います。そのたびに画面を切り替えているととても作業効率が悪くなってしまいます。
　しかし IDLE は、<mark>プログラムの実行結果が表示される画面（インタラクティブモード）と、スクリプトファイルを編集する画面がそれぞれ別に存在します。</mark>そのため、実行結果を見ながら、コードの確認や修正ができるのです。

図02 IDLE のプログラム実行画面（上）と編集画面（下）

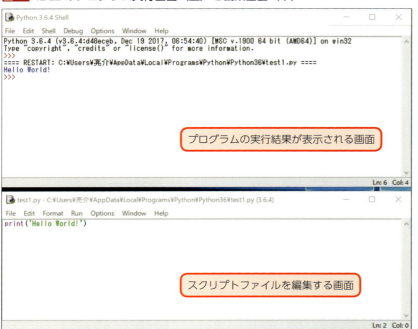

IDLEを起動する

実際に IDLE を起動する手順を確認しましょう。

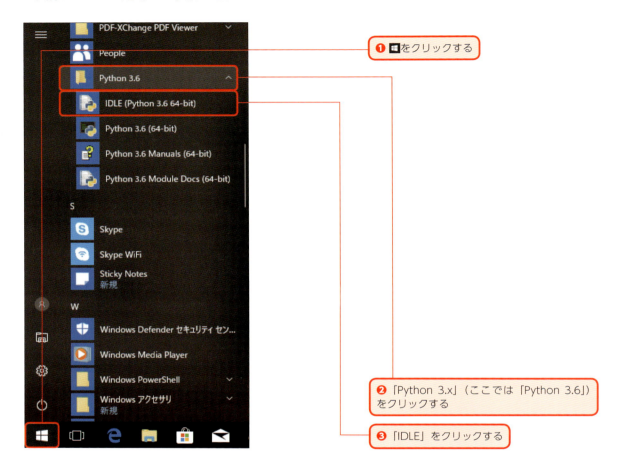

下のようにプログラム実行画面が表示されれば成功です。なお、PowerShell では Python のインタラクティブモードを起動する必要がありましたが、**IDLE は起動するだけですぐにプロンプト（>>>）が表示され、インタラクティブモードとして機能します**。

IDLE を終了するには、ウィンドウ右上の「×」をクリックしてください。

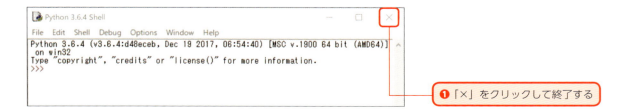

STEP 6　本書での表記のルール

本書ではこれから、さまざまなプログラムのコードが登場します。ここであらかじめ、コードの表記のルールについて解説します。

本書のスタイルについて

　本書は、主にプログラムを学びはじめたばかりの初心者を対象としています。プログラムを学ぶには、実際にコードを打ってみることが大切です。そのため、違いがわかりづらい部分では、1行ずつていねいにコードを記述して解説していきます。その際にコードが理解しやすくなるよう、表記を工夫しています。

　また、Pythonにはさまざまなライブラリがありますが、本書では基本的なライブラリのみに限定して利用します。

コードの表記について

■ 大切な部分の強調

　プログラムのコードで大切な部分や注意してほしい部分は「赤色」で表記しています。ただし、実際のIDLEのハイライト（P.064参照）とは異なるため、混同しないように注意してください。

　なお、プログラムのスクリプトファイル名は、コードの左上に表記しています。

```
DATA helloworld.py
print('Hello World!')
```

```
helloworld.py - D:¥helloworld.py (3.6.5)
File  Edit  Format  Run  Options  Window  Help
print('Hello World!')
```

■ ツール名やモード名の表記

　IDLEでプログラムを実行した結果を表示する場合は、左上に **IDLE プログラム実行画面** と表記します。IDLEのインタラクティブモードで操作する場合は、左上に **IDLE インタラクティブモード** と表記します。PowerShellの場合は、左上に **PowerShell** と表記します。

　なお、インタラクティブモードでユーザーが入力する部分は、水色で表記しています。入力を決定するための Enter キーの押下は ⏎ で表記しています。また、画面のスクリーンショットやコードだけでは説明が不十分な場合は、ポイントとなる部分に補足説明を加えています。

```
IDLE プログラム実行画面
3 * 3 * 33 は？
297
```

```
IDLE インタラクティブモード
>>> python helloworld.py ⏎
Hello World!
```

```
PowerShell
>>> print('Hello World!')
```
シングルコーテーション（'）で括る

第2章のまとめ

　いかがでしたか？　第2章では、下記について解説しました。
・Pythonの特徴とバージョンについて
・Pythonの2つのモードについて
・Pythonの導入
・IDLEの使用方法

　プログラムやPythonに関する基礎固めはこれで完了です。次の章からは、プログラムをどんどんと書いていきます。ここから本格的なプログラミングを学んでいきますので、引き続きがんばりましょう。

第3章

スクリプトファイルと入力の基本

ここからは、スクリプトファイルを作成しながらプログラミングの学習を進めていきます。まずはスクリプトファイルの作成・実行などの基本操作や、プログラムの基本的な入力ルールについて覚えましょう。

スクリプトファイルの作成と実行

第2章で解説した統合開発環境「IDLE」を利用して、プログラムのスクリプトファイルを作成したり実行したりするための手順をおさえましょう。各操作の短縮コマンドもあわせて覚えておくと便利です。

IDLEでスクリプトファイルを作成する

　P.059では、PowerShellでPythonのインタラクティブモードを使って、1行のプログラムを書いてみました。これからは、IDLEを利用してプログラムのスクリプトファイルを作成していく作業が中心になります。まずはスクリプトファイルを作成する手順から確認していきましょう。これは、インタラクティブモードとスクリプトモードのうち、スクリプトモードに該当します（P.058参照）。

■ IDLEでスクリプトファイルを作成する

　まずは、P.066を参考にしてIDLEを起動してください。IDLEが起動したら、「File」→「New File」の順にクリックして、新しいスクリプトファイルを作ります。ショートカットキーの、Ctrlキーと Nキーを押しても、新しいスクリプトファイルを作ることができます。

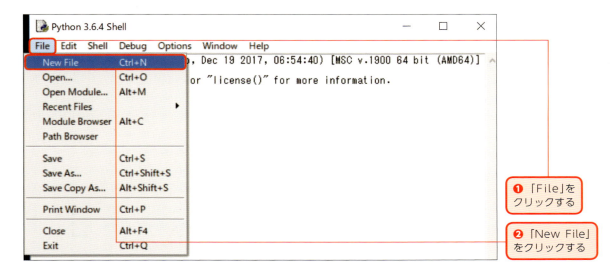

❶「File」をクリックする
❷「New File」をクリックする

070

新しいスクリプトファイルのウィンドウ（画面）が下図のように表示されたら、保存手順に進みましょう。

■ スクリプトファイルに名前を付けて保存する

新しいスクリプトファイルが作成できましたが、スクリプトファイルの名前が「Untitled」（無題）になっているため、名前を付けましょう。今回は、「program3_1.py」と名付けます。==「File」→「Save」の順にクリックして、名前を付けて保存しましょう。==ショートカットキーの、Ctrlキーと[S]キーを押しても、スクリプトファイルを保存することができます。

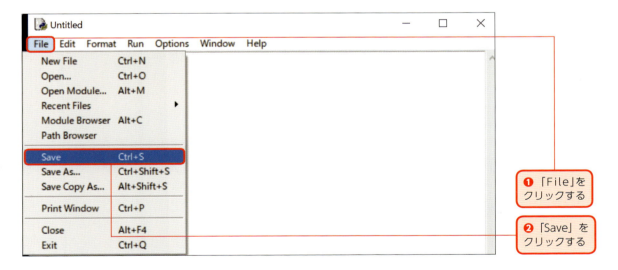

❶「File」を
クリックする

❷「Save」を
クリックする

保存画面を開くことができたら、次に保存する場所を指定しましょう。今回は、デフォルトで開かれている場所「C:\Users\ ユーザー名 \AppData\Local\Programs\Python\Python36」としました。==なお、この場所は、Windows の OS や Python のバージョンによって異なる可能性があります。==同じ場所であれば、「DLLs」フォルダや「Doc」フォルダなどが並んでいるため、これらを判断基準にして確認してください。

保存場所を開いた状態で、ファイル名を入力し、「保存」をクリックして保存します。

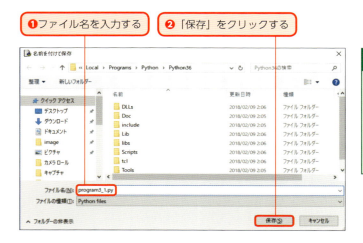

> **MEMO ◆ 保存場所はどこでもよい**
>
> 今回は保存のしやすさを考慮してデフォルトの場所に保存しましたが、「デスクトップ」フォルダや「ドキュメント」フォルダなどの中にフォルダを作って、その中に保存しても問題ありません。

■ 上書き保存と名前を付ける保存の違い

　今回は、まだ名前を付けていないスクリプトファイルだったため、保存する過程で名前を指定するウィンドウが開きました。では、次にもう一度、P.071 手順❶〜❷を行ってみましょう。今度は名前を指定するウィンドウが開きませんね。これは、スクリプトファイル「program3_1.py」に上書き保存をしているからです。
　別の名前を付けて保存したい場合は、P.071 手順❷で「Save As」や「Save Copy As」をクリックしましょう。それぞれの違いについて、下記にまとめておきます。

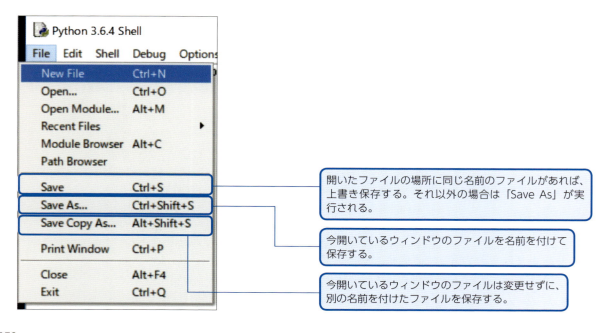

プログラムのコードを作成して実行する

■ コードを作成する

　これでスクリプトファイルの作成と保存の方法がわかりましたが、まだ肝心のプログラムのコードが空白のままです。早速プログラムのコードを作ってみましょう。ここでは、これまでに何度か使ったprint()関数を使います。

　先ほど作成したスクリプトファイル「program3_1.py」に、以下のコードを記述しましょう。「IDLEでプログラムを実行！」と表示するコードです。

DATA Program3_1.py
```
print('IDLEでプログラムを実行！')
```

　コードが記述できたら、P.071手順❶～❷を参考にして保存しておきましょう。

■ プログラムを実行する

　作成したプログラムをIDLEで実行するには、スクリプトファイルを編集する画面の上部にある「Run」をクリックし、「Run Module」をクリックします。なお、スクリプトファイルを編集する画面と、プログラムの実行結果が表示される画面の上部は、少し内容が違っているため、混同しないようにここで区別してください（P.065参照）。

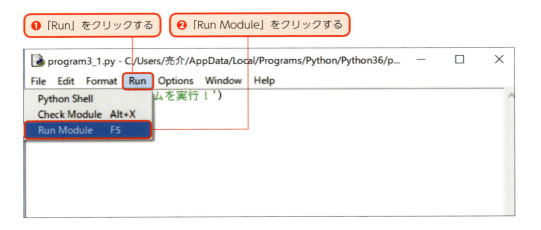

❶「Run」をクリックする　❷「Run Module」をクリックする

　実行できたら、プログラムの実行結果が表示される画面に移りましょう。表示したい文字「IDLEでプログラムを実行！」が青い文字で表示されていたら実行完了です。なお、スクリプトファイルを編集する画面で F5 キーを押しても、同じく実行できます。

❶実行結果が表示される

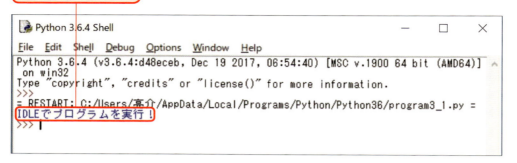

　これが、プログラムを作成してから実行するまでの一連の流れです。これ以降のプログラム作成でも同様に、スクリプトファイルを編集する画面で新しいスクリプトファイルを作成し、保存をしてから実行しましょう。

スクリプトファイルの中のキーワードを検索する

　プログラムのコードが多くなると、修正したい部分を見つけるのにも苦労します。そこで、キーワードを簡単に見つけることができる検索機能を紹介します。

　まず、スクリプトファイルを編集する画面で「Edit」をクリックし、「Find」をクリックします。「Search Dialog」画面が表示されたら、検索したいキーワード（ここでは「print」）を入力し、「Find Next」をクリックします。これだけで検索した単語と一致する部分を教えてくれるため、とても便利です。

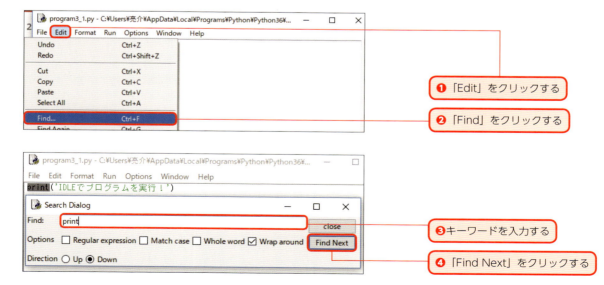

❶「Edit」をクリックする
❷「Find」をクリックする
❸キーワードを入力する
❹「Find Next」をクリックする

スクリプトファイルを閉じる

最後に、スクリプトファイルを編集する画面を閉じる方法を確認しておきましょう。「File」をクリックし、「Close」をクリックしましょう。画面右上の「×」をクリックすることでも、画面を閉じることができます。

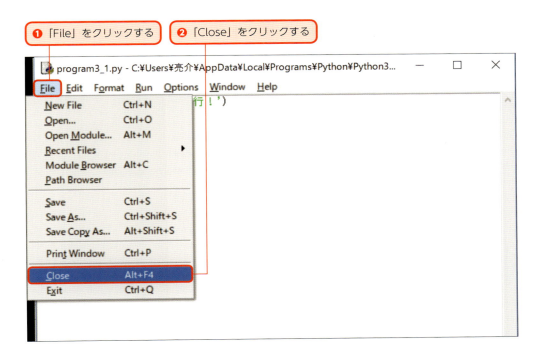

❶「File」をクリックする
❷「Close」をクリックする

なお、プログラムの実行結果が表示される画面で手順❶～❷を行うと、プログラムの実行結果が表示される画面だけを閉じることができます。また、手順❷で「Exit」をクリックすると、IDLE自体を終了できます。

MEMO◆ショートカットキー一覧

スクリプトファイルを作成する場合や、スクリプトファイルに名前を付けて保存する場合などで、ショートカットキーが使用できると解説しました。プログラムの開発に慣れてくると、このちょっとした動作の短縮時間が積もりに積もって相当な差になります。ぜひ、下記のようなショートカットキーを覚えて、使いこなせるようにしておきましょう。

動作	ショートカットキー
新しいファイルの作成	Ctrl + N キー
ファイルの保存	Ctrl + S キー
キーワードの検索	Ctrl + F キー
ファイルの実行	F5 キー

STEP 2 保存したスクリプトファイルの読み込み

プログラムの作成では、長期間にわたって作業したり、複数のファイルを編集したりします。そのため、保存だけでなく読み込みも頻繁に行います。ここで、保存したファイルを読み込む方法を覚えておきましょう。

スクリプトファイルを読み込む

STEP 1 では、新しいスクリプトファイルを作成して実行する方法を確認しました。しかし、プログラムは基本的に、何日にもわたって作成するものです。そのため、保存したスクリプトファイルを読み込む方法を覚えておきましょう。今回は、STEP 1 で作成したスクリプトファイル「program3_1.py」を読み込んでみましょう。

■ IDLEでスクリプトファイルを読み込む

まずは IDLE を起動した状態で、「File」をクリックし、「Open」をクリックしましょう。なお、この操作のショートカットキーは、Ctrl+Oキーです。

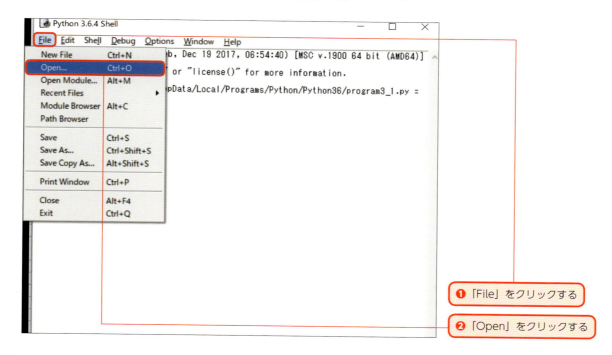

❶「File」をクリックする
❷「Open」をクリックする

続いて、スクリプトファイルを選択する画面が開きます。読み込みたいスクリプトファイル（ここでは、STEP 1 で作成した「program3_1.py」）をクリックして、「開く」をクリックします。

なお、<mark>読み込むスクリプトファイルの場所は、前回スクリプトファイルを保存した場所や、スクリプトファイルを開いたときの場所のままになっています。</mark>読み込みたいスクリプトファイルが別の場所にある場合は、画面左側で任意のフォルダを選択して、目的のスクリプトファイルの場所まで移動しましょう。

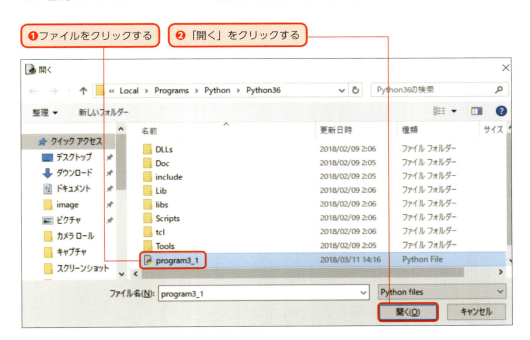

読み込みが完了すると、下図のように新しいウィンドウとして「program3_1.py」の編集画面が開かれます。

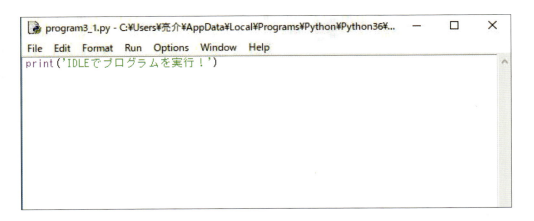

STEP 3 複数行のプログラムを書いてみよう

実際のプログラムは多くの場合、複数行で構成されています。ここでは、複数行のプログラムを作ってみましょう。コードを記述する際の構文の規則などといったルールについてもあわせて解説します。

▍2行以上のプログラムを作成する

　これまでは、1行のプログラムを作成してきました。しかし、実際のプログラムでは複数行で複雑な処理をするものが大半です。そこで、少しステップアップして、まずは2行のプログラムから作ってみましょう。

　複数行のプログラムを作成する場合は、1行のプログラムを作成するときには気にする必要がなかったことに注意しなければなりません。さまざまな間違いを想定しながら解説していきますので、しっかりと覚えましょう。

■ プログラムを新規作成する

　まずは、P.070〜072を参考にして、IDLEで新しいスクリプトファイルを作成し、「program3_3.py」と名前を付けましょう。

　次に、「program3_3.py」に下記のようにプログラムのコードを書きましょう。今回もprint()関数を使用して、文字列を表示させるプログラムですが、「初めまして」「私の名前は、〇〇です。」と、2行の文字列を表示させるものです。なお、〇〇（名前の部分）は、自分の名前など適宜変更してください。

DATA program3_3.py
```
print('初めまして')
print('私の名前は、〇〇です。')
```

■ プログラムを実行してみる

　上記のプログラムを書いたら保存し、F5キーを押すなどして、プログラムを実行してみましょう。プログラムの実行結果が表示される画面に、次のように表示されたら成功です。

078

図01 2行の文字列表示

```
Python 3.6.4 (v3.6.4:d48eceb, Dec 19 2017, 06:54:40) [MSC v.1900 64 bit (AMD64)]
 on win32
Type "copyright", "credits" or "license()" for more information.
>>>
= RESTART: C:/Users/亮介/AppData/Local/Programs/Python/Python36/program3_3.py =
初めまして
私の名前は、西晃生です。
>>>
```

P.028で解説した順次どおり、1行目の「初めまして」に続いて、2行目の「私の名前は、○○（ここでは「西晃生」）です。」が実行されていることがわかりますね。3行以上のプログラムも同様に作成できます。

2行以上のプログラムを1行で記述する

■ 半角スペースでつないでみる

先ほどのプログラムでは、2行のプログラムを改行によって記述しました。では、改行せずにプログラムを1行にまとめた場合、どのような結果になるでしょうか。スクリプトファイルの編集画面で、下記のようにプログラムを変更してみましょう。

DATA program3_3.py
```
print('初めまして')　print('私の名前は、○○です。')
```
半角スペースで間を空ける

プログラムを変更したらスクリプトファイルを保存し、実行してみましょう。その結果、下図のような画面が表示されたら成功です（プログラムとしては、失敗です）。

「SyntaxError」（構文エラー）「invalid syntax」（無効な構文）と表示されました。改行によって1行目と2行目が区切られていないため、Pythonが1行の文だと認識したのです。この画面の「OK」をクリックすると、間違っている部分がオレンジ色で表示されます。

図02 エラー表示

図03 エラー部分のハイライト表示

```
program3_3.py - C:/Users/亮介/AppData/Local/Programs/Python/Python36/p...
File  Edit  Format  Run  Options  Window  Help
print('初めまして') print('私の名前は、西晃生です。')
```

■ 行の区切り文字を使う

　Pythonでは、改行のかわりに、行の区切りとしてセミコロン（;）を使うことができます。先ほどのエラーを起こしたプログラムのprint()関数の間の半角スペースを、セミコロンに変更してみましょう。

DATA program3_3.py

```
print('初めまして') ; print('私の名前は、〇〇です。')
```
セミコロンにする

　プログラムを変更したらスクリプトファイルを保存し、実行してみましょう。成功した場合と同じ結果になります。

図04 セミコロンをはさんだプログラムの実行結果

```
Python 3.6.4 Shell
File  Edit  Shell  Debug  Options  Window  Help
Python 3.6.4 (v3.6.4:d48eceb, Dec 19 2017, 06:54:40) [MSC v.1900 64 bit (AMD64)]
on win32
Type "copyright", "credits" or "license()" for more information.
>>>
= RESTART: C:/Users/亮介/AppData/Local/Programs/Python/Python36/program3_3.py =
初めまして
私の名前は、西晃生です。
>>>
= RESTART: C:/Users/亮介/AppData/Local/Programs/Python/Python36/program3_3.py =
初めまして
私の名前は、西晃生です。
>>>
```

　つまり、下記のプログラムは、どちらも同じ意味ということです。

```
print('初めまして')
print('私の名前は、〇〇です。')
```

$$=$$

```
print('初めまして') ; print('私の名前は、〇〇です。')
```

行数が多くなるとコードの量が多くなっているように見えてしまいます。そうした事態を回避するために、セミコロンの使用は有効です。

　もっとも、コードの見やすさの点においては、セミコロンで行を区切るよりも、1行ごとに改行するほうが読みやすく、推奨されています。特別な理由がない場合は、1行ごとに改行してプログラムを作成しましょう。

長すぎる1行を2行に分ける

　先ほどとは反対に、長すぎる1行を次の行にずらして見やすくする方法を紹介します。利用しているケースはそれほど見ないため、ちょっとした知識として覚えておいてください。次のSTEP 4で解説する「コーディング規約」というルールで、コードを見やすくするために推奨されている書き方では、1行に入れる文字数は、最大79文字までにすべきとされています。そのため、80文字以上が1行に入ってしまった場合に、このテクニックを使用することがあるでしょう。

　行をまたいで、次行を同じ行として見なすためには、「¥」を使用します。Windowsの場合、バックスラッシュと同じ意味の記号です。下記のプログラムは、どちらも同じ意味となります。

```
print('初めまして、私の名前は〇〇です。宜しくお願いします。')
```

=

```
print(¥
    '初めまして、私の名前は〇〇です。宜しくお願いします。')
```

　この例では、print()関数の中に「¥」が入っていますね。これによりPythonは、この次の行の文末まで同じ行のプログラムだと判断して、1行のプログラムと同様に読み取ってくれます。

MEMO ◆ プログラムの処理の順序

P.028でも解説しましたが、プログラムの構成要素の1つとして「順次」があります。順次の特性に従って、プログラムは上から順番に処理されていきます。そのため、今回のような複数行のプログラムは、いちばん上の行から1行ずつ下に処理されていきます。複数行のプログラムの場合は、こうした順序を意識しながら作成しましょう。

基本的な入力の注意点

コードを記述するうえで守るべきルールに**コーディング規約**というものがあります。この規約を守らずにコードを入力すると、プログラムが正しく動作しないこともあります。しっかりとおさえておきましょう。

全員が見やすいコードを書くための基準

　プログラムは一人だけで作成することもありますが、実際に仕事として作成するときには、チームで開発することが多々あります。このような場合、チーム全体でコードを分担して書くことになりますが、ここで問題になるのがコードの記述スタイルです。それぞれの人のコードの記述スタイルが異なると、どれが正しい記述なのかがうまく判断できなくなってしまいます。日本語の文章でたとえると、「です。ます。」調と、「だ。である。」調などが混在している状況と似ています。仮にそれぞれのスタイルが個別には正しいものだとしても、全体として記述スタイルを統一する必要があるのです。

図01 記述スタイルが統一されていない場合

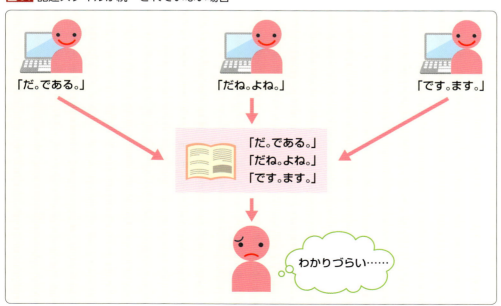

■ 書き方の基準「コーディング規約」

こうした混乱が生じないように、プログラミングでは、コードの記述について共通の認識を形成するための基準、コーディング規約というものが定められています。Pythonでは、PEP 8というコーディング規約があり、右図のPythonの公式サイト（https://www.python.org/dev/peps/pep-0008/）で確認できます。

このSTEPでは、このPEP 8をはじめ、Pythonでの入力に関してまず気を付けなければいけない主要なルールを解説します。なお、その後のSTEPでは必要に応じて、コーディング規約上重要な書き方をその都度解説します。

図02 PEP 8の解説ページ

プログラムは半角文字で書く

これまでに登場したコードを見て気付いた人も少なくないかと思いますが、ほとんどのプログラムでは、コードの中身に半角の英数を使用します。

確認のため、スクリプトファイル「program3_4.py」を作成し、print()関数で使用するカッコを、下記のように全角に変更したコードを書いてみましょう。

DATA program3_4.py

```
print（' 全角は使えない '）
```
カッコを全角にする

保存して実行すると、「SyntaxError」（構文エラー）「invalid character in identifier」（識別できない文字です）と表示されます。全角のカッコがPythonでは識別できないからです。同様に、全角のスペースを入れてもエラーが起こります。スペースの場合、一見気付きにくいため特に注意してください。

図03 全角によるエラー表示

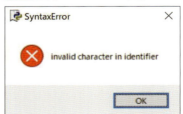

083

インデントがとても重要

Pythonでは、各行の開始位置を決めるインデント（字下げ）がとても重要な意味を持ちます。まず重要になるのは、プログラムの1行目は、行の先頭から書き、スペースなどの空白は入れないということです。

確認のため、先ほどの「program3_4.py」を使って、行の先頭に半角スペースを入れた下記のコードを書いてみましょう。

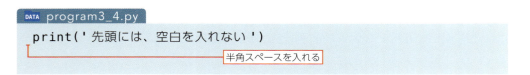

DATA program3_4.py
```
    print(' 先頭には、空白を入れない ')
```
半角スペースを入れる

保存して実行すると、「SyntaxError」（構文エラー）「unexpected indent」（予期しないインデント）と表示されます。後々詳しく解説しますが、Pythonはインデントでプログラムの構造を判断する部分があります。そのため、インデントすべき場所でも、インデントする際のルールをあらかじめしっかりと決めておくとよいでしょう。

図04 インデントによるエラー表示

たとえば、Tabキーを1回押すと、半角スペースを4回入力するのと同じ効果がありますが、Tabキーを使うのか、半角スペースを入力するのかなどのルールを決めておきましょう。本書では、インデントする際は半角スペースを4回入力することとします。

カッコはそれぞれ意味が違う

プログラムで使用されるカッコの種類にも注意しましょう。プログラムで使用されるカッコには主に、丸カッコ()・角カッコ[]・波カッコ{}があります。それぞれ使用する場面が異なります。

確認のため、先ほどの「program3_4.py」を使って、プログラムの丸カッコを波カッコに変えてみましょう。

DATA program3_4.py

```
print{'波カッコを利用する'}
```
波カッコにする

保存して実行すると、「SyntaxError」（構文エラー）「invalid syntax」（無効な構文）と表示されます。**Pythonでは、波カッコは丸カッコと同じものとは認識されていない**ためです。

では次に、同じく「program3_4.py」を使って、下記のように波カッコを角カッコにしてみると、どうなるでしょうか。

図05 波カッコによるエラー表示

DATA program3_4.py

```
print['角カッコを利用する']
```
角カッコにする

保存して実行すると、丸カッコのときとも波カッコのときとも違う結果が表示されます。

図06 角カッコによるエラー表示

```
= RESTART: C:/Users/亮介/AppData/Local/Programs/Python/Python36/program3_4.py =
Traceback (most recent call last):
  File "C:/Users/亮介/AppData/Local/Programs/Python/Python36/program3_4.py", line 1, in <module>
    print['角カッコを利用する']
TypeError: 'builtin_function_or_method' object is not subscriptable
>>>
```

これは、文法的にエラーではないが、使い方がおかしいという意味です。この結果から、角カッコもまた使い分けが必要であることがわかりますね。一見わかりづらいため、カッコを書くときは、閉じる部分も先にあわせて書くようにしておくとよいでしょう。

STEP 5 算術演算子の使い方

算数でも出てくるプラス（＋）やマイナス（－）などの記号は、「算術演算子」としてプログラムでもよく使われます。ここでは、プログラムでの算術演算子の基本的な使い方について解説します。

演算子とは

　演算子とは、その名のとおり演算するために用いられる記号です。算数などの数式だけでなく、プログラムでも使用されます。
　まずは例として下図の式を見てください。ここでは<mark>プラス（＋）が演算子</mark>に当たります。また、演算が作用する対象を「被演算子」と呼びますが、ここでは<mark>AやBが被演算子</mark>に当たります。

図01 式と演算子

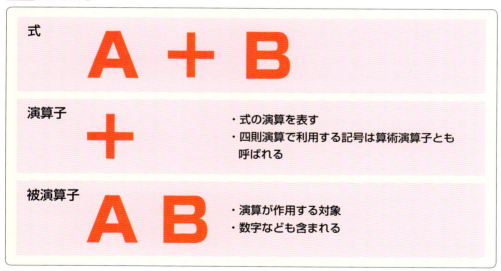

　演算子の中でも2つの被演算子の間にはさんで計算するものを「算術演算子」と呼びます。主な算術演算子は四則演算で使われるもので、<mark>足し算の「＋」</mark>、<mark>引き算の「－」</mark>、<mark>掛け算の「＊」</mark>、<mark>割り算の「／」</mark>が挙げられます。このSTEPでは、算術演算子の説明のため、これらを使って計算プログラムを作ります。

足し算のプログラムを作る

　まずは、「+」を使って足し算から行いましょう。スクリプトファイル「program3_5.py」を作成し、print()関数を使って下記のコードを書きます。通常の足し算の計算式と同じですね。このときの重要なポイントは、シングルコーテーションの使い方です。文字として表示したいときはシングルコーテーションで括りますが、数字の計算だけの場合は、シングルコーテーションは必要ありません。なお、コードを見やすくするため、演算子の両側には常に1つだけ半角スペースを入れるようにしましょう。

DATA program3_5.py
```
print('1 + 3は？ ')       ← 文字を出力する
print(1 + 3)              ← 足し算を出力する
                          ← 演算子の両側に半角スペースを入れる
```

　保存して実行し、下記のように表示されると成功です。

IDLE プログラム実行画面
```
1 + 3は？
4
```

引き算のプログラムを作る

　次は、「−」を使って引き算を行います。「program3_5.py」を下記のように変更しましょう。こちらも通常の引き算の計算式と同じです。

DATA program3_5.py
```
print('10 - 3は？ ')
print(10 - 3)
```

　コードが記述できたら、保存して実行してください。下記のように表示されると成功です。こちらもしっかり引き算されていますね。

IDLE プログラム実行画面
```
1 + 3は？
4
```

087

掛け算のプログラムを作る

次は、「*」を使って乗算を行います。「program3_5.py」を下記のように変更しましょう。「×」のかわりに「*」を使うことのほかは、足し算や引き算と同様、通常の計算式と変わりません。そのかわり、被演算子を3つ使って少し計算内容を増やしています。

DATA program3_5.py
```
print('3 * 3  * 33は？')
print(3 * 3  * 33)
```

コードが記述できたら、保存して実行してください。下記のように表示されると成功です。3つの被演算子でも問題なく計算できることがわかります。

IDLE プログラム実行画面
```
3 * 3 * 33は？
297
```

割り算のプログラムを作る

続いて、割り算を行います。小数点で表す通常の割り算では「/」を使用しますが、そのほかの演算子を使用する場合もあります。割り算には、小数点で表す記述のほかに、余りのみを出すための記述と、余りを切り捨てるための記述があるからです。余りのみを出す場合は「%」を、余りを切り捨てる場合は「//」を使いましょう。

これらの違いがわかりやすくなるように、「program3_5.py」を下記のように変更しましょう。

DATA program3_5.py
```
print('164 / 3は？')
print(164 / 3)
print('164 / 3の余りは？')
print(164 % 3)
print('164 // 3は？')
print(164 // 3)
```

保存して実行し、下記のように表示されれば成功です。

```
IDLE プログラム実行画面
164/ 3は？
54.666666666666664  ──── 小数点で結果を出力
164/ 3の余りは？
2                   ──── 余りのみを出力
164 // 3は？
54                  ──── 余りを切り捨てて出力
```

　2行目が小数点で表したもの、4行目が余りのみを出力したもの、6行目が余りを切り捨てたものです。小数点で表したものは、当然ながらほかの式と違って、整数ではなく小数点付きの数で出力されています。==小数点付きの数は、整数とは、データの「型」（種類）が異なるものと認識しましょう。==データ型の詳細については4章STEP 1で解説しますが、ここでは、こうしたデータ型の違いによって、データの扱い方が異なることがあるということを覚えておいてください。

▍掛け算や割り算は先に計算される

　最後に、計算式でうっかり見落としがちな、計算順序について確認しておきましょう。計算式に足し算や掛け算が混在している場合、先頭から順に計算されていくとは限りません。==掛け算や割り算は、足し算や引き算よりも先に計算される==からです。
　さっそく確認してみましょう。「program3_5.py」を下記のように変更しましょう。

```
DATA program3_5.py
print('3 + 3 * 33は？')
print(3 + 3 * 33)
```

　コードが記述できたら、保存して実行してください。下記のように表示されると成功です。先に「3 * 33」が計算されていますね。

```
IDLE プログラム実行画面
3 + 3 * 33は？
102
```

STEP 6 比較演算子の使い方

「>」「<」などの演算子も、数学の場合と同様に、演算子の両側の数値などを比べるために利用します。プログラムでは具体的にどのような扱われ方をし、どのように結果が出力されるのかを確認しましょう。

比較演算子とは

STEP 5 では、数値を計算するための算術演算子を利用して、簡単な計算プログラムを作りました。この STEP では、演算子の両側の数値などを比べる「比較演算子」と呼ばれる別の演算子について説明します。

■ 関係を調べる比較演算子

比較演算子は、2 つの対象の関係について調べるために利用します。たとえば下図のように、2 つのパーカーには、着丈や値段などいろいろな要素がありますが、それぞれについて比較演算子を利用することで比較できます。ここでは、数学でもおなじみの代表的な比較演算子「>」「<」を例に挙げています。

図01 比較演算子による比較

		比較演算子		
着丈	68cm	<		72cm
値段	2,980 円	>		2,500 円

■ 比較演算子の種類

上記で取り上げた、左より右がより大きいことを示す「<」、左より右がより小さいことを示す「>」のほか、左と右が同じか右がより大きいことを示す「<=」、左と右が同じかより小さいことを示す「=>」があります。また、左右が等しいことを示す「==」と、左右が等しくないことを示す「!=」も多く利用されます。

090

数値の比較プログラムを作成する

■ 左右どちらの数値が大きいか比較する

　パーカーの着丈や値段の数値を比較して、どちらが大きいか判断するプログラムを作成しましょう。スクリプトファイル「program3_6.py」を作成し、下記のコードを記述してください。なお、1行目ではわざと間違った比較演算子を使用しています。

DATA program3_6.py
```
print(68 > 72)
print(2980 > 2500)
```

　コードが記述できたら、保存して実行してください。下記のように表示されると成功です。わざと間違えた1行目では「False」（合っていない）、間違っていない2行目では「True」（合っている）と表示されていますね。このように、==比較演算子によって出力されるのは、「True」と「False」のいずれか==です。

IDLE プログラム実行画面
```
False
True
```

■ 左右の数値が等しいか比較する

　次に、左右の数値が等しいかを判断するプログラムを作成しましょう。コードを下記のように変更しましょう。2行目でわざと間違った比較演算子を使用しています。

DATA program3_6.py
```
print(68 == 68)
print(2500 != 2500)
```

　保存して実行し、下記のように表示されると成功です。この結果のように、==等しいなら「True」が、等しくないなら「False」が出力されます。==

IDLE プログラム実行画面
```
True
False
```

STEP 7 定数と変数

数字や文字などのさまざまな「値」は、プログラムでは定められた数「定数」や、変わる数「変数」として扱われることがほとんどです。定数や変数が具体的にどのようなものなのか、ここでおさえておきましょう。

値とは

　この STEP では、プログラムにおいて必ず利用する「定数」と「変数」について解説します。しかし、変数や定数を理解するには、「値」（あたい）の概念をおさえなければはじまりません。まずは値について確認しておきましょう。

■ 値はそのモノの意味をあらわす

　たとえば値として挙げられる代表的なものに、数字の「1」や、文字の「abc」などがあります。1 は、モノが 1 つあるという存在の個数を表現する「数字」でもあり、0 の次に位置する「文字」でもあります。また、何かのスイッチの使い方と関連付けたときに、1 を ON、0 を OFF と定義すると、1 は「スイッチの ON」だと考えることもできます。

図01 1 が意味するもの

　このように、数字や文字は利用する「目的」によって意味が変化します。この意味こそが「値」です。P.087 で利用した足し算のプログラムを例にしてみましょう。このプログラムでは、1 行目では「文字」として「1」や「3」などを利用しています。しかし、2 行目では「数字」としてそれらを利用して結果を出力していますね。

DATA **program3_5.py**
```
print('1 + 3は？')  ──「1」と「3」は文字
print(1 + 3)  ──「1」と「3」は数字
```

　また、値を利用する「目的」は、プログラミング言語では、P.089でも紹介した「データ型」として扱われます。「1」を文字というデータ型で利用するか、数字というデータ型で利用するかで扱いが大きく異なることを、ここでは覚えておいてください。Pythonで利用するデータ型については、4章 STEP 1以降で詳しく解説します。

定数と変数の違い

　定数と変数は、どちらも値を扱うものです。しかし、両者はそれぞれ値の使い方が異なります。言葉のとおりですが、定数は「定められた数」であり、一度定められると変更されません。反対に、変数は「変わる数」であり、違う値に変えることができます。ここでは、カレンダーの日付を例にしながら解説します。

■ 毎日変わる「今日」と固定されている「クリスマス」

　まずは、「今日」と「クリスマス」の違いを表した下図を見てください。

図02 変数の「今日」と定数の「クリスマス」

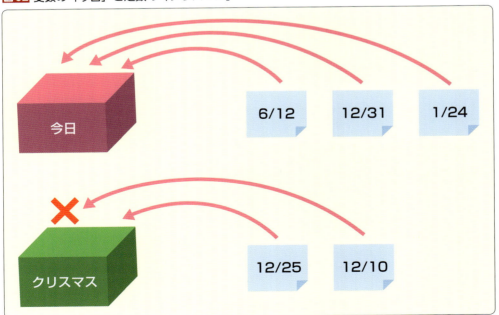

みなさんにとっての今日は、いつでしょうか。6月12日かもしれませんし、12月31日や1月24日かもしれません。この図の上の例のように、日付という意味を持った内容を「今日」という箱に入れ替えているイメージを持ってもらえるとわかりやすいでしょう。この「今日」の箱のように内容の入れ替えられる値こそが、プログラムにおける変数なのです。

　では、みなさんにとってのクリスマスはいつでしょうか。誰でも12月25日と答えます。この図の下の例のように、クリスマスという箱には12月25日のみが入っていて、ほかの日付は入れることができない状態です。このように内容の入れ替えられない決まった値こそ、プログラムにおける定数なのです。

変数の使い方

　では、変数をプログラムで利用するケースについて考えてみましょう。今回は、下図のような「a」という「箱」をイメージしてください。「a」に、「1」という数字を入れてみます。

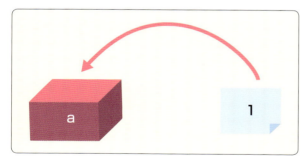

図03
変数は何かを入れる箱のイメージ

■ 初期化と代入

　変数は、最初に値を決めなければ中身がない箱のままとなり利用できません。そこで、変数に初めて値を入れることを「初期化」と呼びます。

　また、値を変数の箱に入れることを「代入」と呼びます。代入するには、「＝」を利用します。このとき「＝」の左側には値を入れられる変数を置き、右側には入れる値を置きます。

　試しにIDLEのインタラクティブモードで、下記のコードを入力してください。

IDLE インタラクティブモード
```
>>> a = 1
```

Enterキーを押しても何も出力されずに、次の入力待ちを示すプロンプト（>>>）が表示されますね。しかし==これだけですでに、「a」という変数に「1」が入っています。==

　では、実際に変数「a」に「1」が入っているかを確認してみましょう。引き続きインタラクティブモードで、下記のように入力してください。

IDLE インタラクティブモード
```
>>> a ⏎
```

　Enterキーを押すと、下記のように、==先ほど変数「a」に入れた「1」という数字が出力されます。==これより、変数「a」の中身が「1」であることが確認できました。

IDLE インタラクティブモード
```
>>> a ⏎
1
```

■ 変数を変えてみる

　変数に代入する方法については確認できました。しかし変数のポイントは、「変えられる数」としてプログラムで利用できることです。このことを実際にプログラムで確認しましょう。

　先ほどのインタラクティブモードでの操作により、変数「a」に「1」を入れた状態になっていると思います。今度は、==変数「a」に「3」を入れてみましょう。==下記のようにインタラクティブモードで入力して、変数「a」に「3」を代入してみましょう。

IDLE インタラクティブモード
```
>>> a = 3 ⏎
```

　続いて下記のように「a」と入力してEnterキーを押すと、変数「a」の値が「3」に変わっていることが確認できます。==このように変数は、中に代入する値を変更することができる==のです。

IDLE インタラクティブモード
```
>>> a ⏎
3
```

095

■ 変数をスクリプトモードで使う

　より本格的に変数を活用するため、スクリプトモードでプログラムを作成してみましょう。スクリプトファイル「program3_7.py」を作成し、P.090 で扱ったパーカーの着丈を変数で表現してみましょう。ここでは、==変数「a」を「68」で、変数「b」を「72」で初期化し、それぞれ表示するように記述します。==

DATA program3_7.py

```
a = 68          ─┐
                 ├─ 変数を初期化する
b = 72          ─┘
print(a)        ─┐
                 ├─ 変数の中身を表示する
print(b)        ─┘
```

　保存して実行し、下記のように変数「a」と「b」の中の数字が表示されたら成功です。

IDLE プログラム実行画面

```
68
72
```

　次に、変数「a」だけを使って、同じ結果を出力してみましょう。そのためには、変数「a」で「68」を初期化して表示したあとで、「72」を代入して表示します。下記のように「program3_7.py」のプログラムを変更してみてください。

DATA program3_7.py

```
a = 68          ── 変数を初期化する
print(a)
a = 72          ── 変数の中身を変更する
print(a)
```

　保存して実行し、下記のように数字が表示されたら成功です。==変数「a」の中身が途中で「72」に変更されていることがわかりますね。==これが変数の使い方です。

IDLE プログラム実行画面

```
68
72
```

■ 演算子と組み合わせる

変数を使う際、これまでに紹介した比較演算子や算術演算子も組み合わせることができます。例として、変数「a」と「b」を足し算したり、変数「a」と「b」を比較したりしてみましょう。プログラムを下記のように変更してください。

DATA program3_7.py
```
a = 68
b = 72
print(a + b)
print(a < b)
```

コードが記述できたら、保存して実行してください。下記のように表示されると成功です。1行目には変数「a」と「b」の足し算の結果が出力され、2行目には変数「a」より「b」のほうが大きいことが正しいという結果が出力されていますね。このように演算子を使うと、変数の中身を使って比較や演算が行えるのです。

IDLE プログラム実行画面
```
140
True
```

■ 変数名に使える文字は？

先ほどまでは、わかりやすく変数を「a」として扱ってきました。しかし、本来はいろいろな名前で変数を作ることができるのです。

図03 変数名として利用できる主な例

a	aaa	a1	a_a_a	__a

複数の文字や数字、アンダースコア（_）などが使えることがわかりますね。
しかし、どのような変数名でも使えるというわけではありません。次のような変数名はエラーになって使用できません。

図04 変数名として利用できない主な例

1a	0101	0_1a	-

変数名として使用できるものと一見似たもののようにも思えますが、これらはいずれも変数名として使用できません。変数として利用するためには、名前を下記のルールに沿うようにする必要があります。

・使える文字や記号は、小文字英字／大文字英字／数字／アンダースコア（_）
・最初の文字に数字は使わない

　なお、ひらがなも利用することができますが、見づらかったり、場合によってはエラーになったりする可能性があるため、使わないようにしましょう。

定数の使い方

　これで変数の基本的な使い方を確認できました。次に、定数をプログラムで利用するケースについて考えてみましょう。
　今回も、下図のような「a」という箱をイメージしてください。変数の場合と同様に、定数でもまず「a」に「1」などの数字を入れて初期化します。しかし変数との最大の違いは、初期化のあとで、「2」などほかの値を代入できないことです。

図04 一度入れるとほかに何も入れられない定数

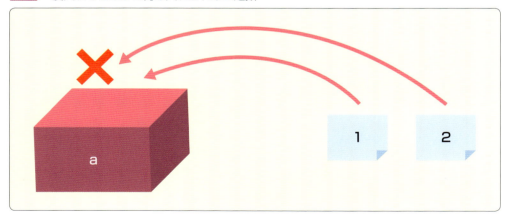

■ 定数が必要になるとき

　あとから自由に値を代入できる変数があると、初期化しかできない定数は必要ないようにも思えるかもしれません。では、定数が必要になるのはどのようなときなのでしょうか。

　結論から述べると、たとえば円周率のような不変的な数字を扱うときです。「3.14」を毎回使っていると、円周率として使っているのか、別物としてたまたまその数字を利用しているのか、判断が付きません。そのためプログラムの中では、計算に使用する固定された値などを定数にしておけば、コードがわかりやすく、見やすくなるのです。

■ Pythonは定数がない

　JavaScriptやPHPなど、ほかのスクリプト言語であれば、下表のような定数の書き方ができます。しかしPythonには、実は定数の仕様が組み込まれていません。理由は正式に発表されていないため判然としませんが、シンプルな言語設計という指針によるものなのかもしれません。

プログラミング言語	定数の書き方
JavaScript	Const
PHP	define()
Ruby	大文字で定義

図05
プログラミング言語別の定数の書き方

■ 定数の推奨される書き方

　もっとも、Pythonを使用する前にほかの言語で定数を利用していたユーザーも多くいるため、コーディング規約「PEP 8」では、定数として扱うときの命名規則が記載されています。

　PEP 8では、定数の動作を実現させるためには、下記のように変数名をすべてアルファベットの大文字にし、必要に応じて単語や文字の間にアンダースコア（_）を入れるように推奨しています。

```
CONST_A = 1
```

　上記のように記述すれば、「CONST_A」に「1」を入れることができます。もっとも、実際の働きは変数のものと同じです。ただし、初期化後に値を代入しなければ、定数のように扱えるということです。

STEP 8 コメントを書こう

プログラムを読みやすくするには、プログラムに関係のない注釈として記述される「コメント」がとても重要です。どのようなコメントが適切であるのかをおさえて、より読みやすいプログラムを作成しましょう。

コメントとは

　プログラムにおけるコメントは、コードの中身を説明する注釈という意味で使用されます。コメントは、開発者自身の読みやすさを向上させるためのメモや説明にすぎず、プログラム自体にとっては、意味をなしません。とはいえコメントは、開発者自身にとっても、いっしょに開発する仲間にとっても、プログラミングをスムーズにする大切なものとなるため、この STEP で書き方を覚えておきましょう。

■ コメントの書き方

　コメントは、長さによって書き方を変えることができます。1 行の場合は、「#」から文末までのすべてがコメントになります。複数行にコメントがまたがる場合は、シングルコーテーション（'）またはダブルコーテーション（"）3 つで囲んだ範囲がすべてコメントになります。スクリプトファイル「program3_8.py」を作成して、下記のようにコードを記述してみましょう。

DATA program3_8.py

```
# ここから文末までコメントです。print(' これも無視されます。')
print(' コメント練習開始 ')
'''
シングルコーテーション 3 つで上下を挟むと
改行してもその間はすべてコメントになります。
'''
print(' コメント練習終了 ')
"""
```

ダブルコーテーション3つで上下を挟んでもコメントになります。
""" """

保存して実行し、下記のように表示されたら成功です。

IDLE インタラクティブモード
コメント練習開始
コメント練習終了

　このように、コメントとして指定した部分はプログラムには影響せず、出力されません。1行目の「#」で指定したコメント部分ではprint()関数を書いていますが、これもコメントとして認識され、プログラム上は無視されていることがわかりますね。

■ コメントの良し悪し

　コメントをどれだけ書いてもプログラム上は無視されるため、いろいろと自由に書くことができますが、コメントにも良し悪しがあります。では、よいコメントとはどのようなものなのでしょうか。反対に、悪いコメントとはどのようなものなのでしょうか。たとえば、他人が見たときにわかりやすくなるからといって、プログラムが行っている処理を日本語でコメントしても意味がありません。しかし、プログラムが下記のような内容を保持したまま、ほかの人がプログラムを確認する場合、コメントが必要です。

- ・未完成の部分
- ・エラーが出てしまい、あとで対応する必要がある部分
- ・現状で動きはするが、あとで直したい部分

　こうした事項がある場合、他人でもすぐにわかるようにコメントを書いておきましょう。より見やすくするために「#TODO：利用者にわかりやすく文字を表示する」などと、コメントの先頭に「TODO」や「FIXME」など種類別のキーワードを統一しておくことも効果的です。あとでそのキーワードを検索するだけで、未完成の部分やバグの部分を見付けることができるからです。

■ 読み手の立場になって考えてみる

　コメントを書くときに注意すべきポイントとして、読み手の立場になって読み直してみることが挙げられます。知らず知らずに主語をなくしていたり、説明していない単語を並べていたりすると、混乱が生じてしまうため、よいコメントとは言えません。

STEP 9 エラーメッセージが表示されたら

これまでにもいつくかプログラムのエラーメッセージを紹介してきましたが、こうしたエラーの内容を知ることができると、コードを直すスピードも速くなります。怖がらずにエラーをしっかりと理解しておきましょう。

エラーはパソコンからのメッセージ

　プログラムを一生懸命書き終わって、いざ実行してみても、突然「ポン！」と音が鳴ってエラーメッセージが表示されてしまえば、誰でもエラーが苦手になるものだと思います。構文エラーでなく別のエラーだった場合は、該当する文字が赤く表示されるため、パソコンから怒られているような気分にもなるものです。

　しかしエラーメッセージは、開発者にとってもパソコンにとっても、とても大切な意味を持ちます。そのため苦手だからといって逃げ腰にならずに、しっかりとエラーと向き合う習慣付けるようにしましょう。

図01 エラーメッセージによる警告

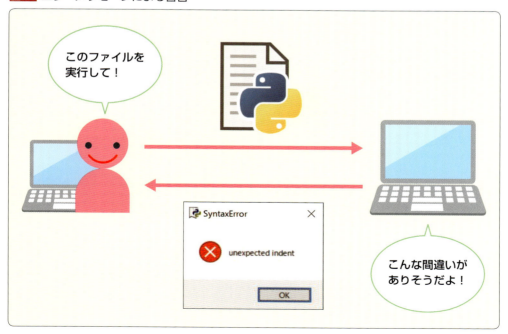

■ パソコンが教えてくれるヒントを大切に

　プログラムは、量が多くなるほど複雑になっていきます。そのため、誰でもどこかで間違いを犯してしまうものです。パソコンは、そのプログラムで実行できなかった部分に対して、「ここが実行できないよ！」というアドバイスをしてくれていると考えましょう。すぐにエラーメッセージを閉じるのではなく、しっかりとエラーの中身を確認して、該当部分を直すヒントとするとよいでしょう。

▎実際のエラーを読んでみる

　スクリプトファイル「program3_9.py」を新規作成して、わざと間違いを犯しながら、どのようなエラーが出てくるのかを見てみましょう。まず下記のように、本来値を代入すべき変数「a」に何も値を代入せず、print() 関数を使って記述してみましょう。

DATA program3_9.py
```
print(a)
```

保存して実行すると、下記のようにエラーメッセージが表示されます。

IDLE プログラム実行画面
```
Traceback (most recent call last):
  File "C:Users/～/program3_9.py", line 1, in <module>
    print(a)
NameError: name 'a' is not defined       ──── エラーメッセージ
>>>
```

　ここで表示されたエラーメッセージは、「a という名前のモノは、定義されていませんよ」という意味です。定義とは、初期化のようにこれから使う変数などをプログラムの中で伝えることです。このエラーメッセージでは、間違っている部分を「a」と教えてくれていますね。このヒントをもとにすれば、下記のようにプログラムを修正できます。

DATA program3_9.py
```
a = 1
print(a)
```

■ 演算子の使い方のエラー

次に、「program3_9.py」を下記のように書き換えて、代入の演算子「=」の左右を反対にしてみましょう。本来は、左側が代入される変数「a」で、右側が値「10」でなければなりません。

DATA program3_9.py
```
10 = a
print(a)
```

コードが記述できたら、保存して実行してください。下記のようなエラーメッセージが表示されます。このエラーメッセージは、「演算子に代入できません」という意味です。

図02
演算子の使い方によるエラー表示

「OK」をクリックすると、コードの「10 = a」の部分が赤くなっています。この部分に間違いがあるという意味のため、これをヒントにして正しいプログラムに修正しましょう。

DATA program3_9.py
```
a = 10
print(a)
```

エラーのメッセージは英語で意味がわかりにくく、苦手になりがちですが、このように意味を読み取ると開発が楽になります。わからない単語が出てきても、辞書で調べるなどすれば、おおよその意味はつかめるはずです。逃げ腰にならずに、しっかりとパソコンの発したメッセージを読み取り、プログラムを正しく修正できるようにしましょう。

第4章

データ型の基本

Pythonではさまざまなデータを扱いますが、こうしたデータの種類「データ型」によって、プログラムの扱い方が異なります。どのようなデータ型があり、それぞれどのように扱うのかを、ここでおさえておきましょう。

STEP 1 データ型とは

変数や定数の値など、Pythonで扱うデータには、数字や文字列などさまざまなものがあります。Pythonでは、こうしたデータの種類、**データ型**を区別して扱う必要があります。まずはデータ型の概要をおさえましょう。

データにはいろいろな値（意味）がある

P.092で、プログラムでは「1」という値を数字として扱うこともでき、文字としても扱うこともできると説明しました。これは、<mark>プログラムでは値の種類によって、データの種類、**データ型**が分類されるため</mark>です。データ型はいくつかあるため、本章ではそれぞれの特徴について説明します。

図01　Pythonにある代表的なデータ型

なお、第3章では、基本的にスクリプトモードでプログラムを作成して実行する流れを取っていましたが、本章はいろいろな数字をすぐに試してほしいため、あえてIDLEのインタラクティブモードでコードを入力しながら学習していきます。

■ データ型を知る意味

これまでデータ型を意識せずにプログラムを書けていたのに、なぜ今、データ型を知らなければいけないのでしょうか。このことを理解するために、例として次のコードを書いてみましょう。

```
IDLE インタラクティブモード
>>> number = 9
>>> alphabet = 'a'
>>> print(number + alphabet )
```
　　　　　　　　　　　　　　　　　　　数字と英字を足そうとしている

　まず、1行目で変数「number」に数字「9」を代入しています。次に、2行目で変数「alphabet」に文字「a」を代入しています。これまでにも文字として扱う部分はシングルコーテーション（'）で括ってきましたが、代入する場合も同様なのです。そして3行目で<mark>それらの数字と文字を足し算して表示しようとしています。</mark>3行目を実行してみると、下記のようなエラーメッセージが表示されます。

```
IDLE インタラクティブモード
Traceback (most recent call last):
  File "<pyshell#2>", line 1, in <module>
    print(number + alphabet)
TypeError: unsupported operand type(s) for +: 'int' and 'str'
```

　上記のエラーメッセージは、「int型とstr型では、演算子「+」を使うことはできません」という意味です。実は、数字のデータ型は「数値型」（ここでは「int型」）、文字のデータ型は「文字列型」（ここでは「str型」）であり、それぞれデータ型が異なるのですが、<mark>このようにデータ型が異なったものどうしでは、演算できない演算子が存在する</mark>のです。こうした問題があるため、データ型が重要なのです。

■ データ型ごとに異なる機能を持っている

　<mark>それぞれのデータ型で使える機能が異なる</mark>こともポイントです。たとえば、演算子「+」を利用するケースでは、<mark>数字どうしであれば値の四則演算ができますが、文字どうしであれば文字を連結することができます。</mark>

■ データ型は変換もできる

　<mark>データ型は、ほかの型に変換することもできます。</mark>この機能を使って、計算した数字を文字として利用しながら、ほかの文字と連結することも可能です。

　このようにデータ型を理解してプログラムを作っていくことで、幅広いデータを自在に使いこなせるようになります。

文字列型の基本

文字列を扱うデータ型を**文字列型**と呼びます。ここでは、代表的な文字列型であるstr型について解説します。もっともよく使用するデータ型の1つのため、しっかりと使い方を覚えておきましょう。

文字列を扱う文字列型「str型」

文字列型はその名のとおり、文字列を扱うデータ型です。文字列は、P.059で取り上げた最初のプログラムで「Hello World!」を表示させたときにも利用しましたね。文字列型の代表的なものは、文字列を意味する英単語「string」の略から**str型**と呼ばれます。str型であれば、文字列どうしを連結したり、文字列内のある位置を指定して文字を取り出したりすることなどができます。

■ 文字列の型名を表示させる

変数の中に文字列があるかどうかを判断するために、Pythonでは**type()**という関数を使用します。カッコ内に調べたい変数を入れると、その変数がどのようなデータ型なのかを教えてくれます。IDLEのインタラクティブモードで、試しに下記のように入力してみましょう。なお、これまでにもprint()などの関数を使ってきましたが、関数とは機能のようなもので、現段階では、関数を使うとどのような表示が可能なのかを理解できれば十分です。詳細については第5章で解説します。

```
IDLE インタラクティブモード
>>> string = 'abc'
>>> print(type(string))
<class 'str'>  ────────────── 何型か答えてくれる
```

1行目では、変数「string」に文字列「abc」を代入しています。そして2行目で、その変数「string」がどのようなデータ型であるかをtype()関数を使って調べて出力させています。その結果、「class 'str'」、つまりstr型だと答えてくれました。今後も変数の中の型を調べるためにtype()関数をよく使うため、覚えておいてください。

■ str型の作り方

　str 型は、文字をシングルコーテーション（'）または、ダブルコーテーション（"）で括ることで作成できます。インタラクティブモードで、下記のコードを入力しましょう。

IDLE インタラクティブモード
```
>>> single = 'single quotation'
>>> double = "double quotation"
>>> print(type(single))
<class 'str'>
>>> print(type(double))
<class 'str'>
```
どちらもstr型

　1 行目ではシングルコーテーションで文字列を代入し、2 行目ではダブルコーテーションで文字列を代入しています。type() 関数を使ってそれぞれのデータ型を調べてみると、上記のように**どちらも str 型として扱われている**ことが確認できます。

■ 文字列であれば日本語も表示できる

　str 型では、アルファベットだけでなく、漢字やひらがな、カタカナなども表示することができます。インタラクティブモードで下記のコードを入力しましょう。

IDLE インタラクティブモード
```
>>> kanzi = '漢字'
>>> hiragana = 'ひらがな'
>>> print(kanzi)
漢字
>>> print(type(kanzi))
<class 'str'>
>>> print(hiragana)
ひらがな
>>> print(type(hiragana))
<class 'str'>
```
どれもstr型

　実行してみると、上記のように**どれも str 型として扱われている**ことが確認できます。

特殊な文字の表示方法

■ 文字列にシングルコーテーションを入れる

　文字列は、シングルコーテーションやダブルコーテーションで括ると説明しました。それでは、文字列の中にシングルコーテーションやダブルコーテーションを入れたい場合は、どのように入力すればよいでしょうか。

　このような場合は、「¥」を使用します。文字列の中で特殊な文字を表示するときは、==その文字の前に「¥」を入力すると表現できるのです。==つまり、文字列として表示したいシングルコーテーションやダブルコーテーションの前に、「¥」を入力しておけば表示されるようになります。

　インタラクティブモードで、下記のように入力して実行してみましょう。なお、Macの場合、バックスラッシュが「¥」と同じ意味の文字です。

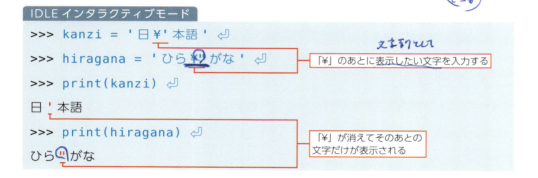

　上記のように、文字列の中に入力した「¥」のあとのシングルコーテーションやダブルコーテーションが表示されていることが確認できます。また、文字列の中に入力した「¥」が表示されていないこともポイントです。このように、==特殊な文字を含めるために「¥」やバックスラッシュを入れることを「エスケープシーケンス」と呼びます。==

■ 「¥」を表示する

　では、金額の表示などで「¥」自体を表示したい場合はどうすればよいのでしょうか。==「¥」を表示するには、下記のように「¥¥」と2つ続けて入力しましょう。==

■ 改行も表現できる

文字のエスケープシーケンスで改行も表現することができます。この場合、改行する部分に「¥n」と書きます。なお、「¥n」の前後にスペースを入れる必要はありません。インタラクティブモードで下記のようにコードを入力して実行してみましょう。

```
IDLE インタラクティブモード
>>> hello = 'Hello¥nWorld!'
>>> print(hello)
Hello
World!
```

改行部分に「¥n」と入力する

上記のように、「¥n」を入力した部分からしっかり改行されていれば成功です。

プログラムの中で文字列を使う

今までは変数だけを表示していましたが、固定文字列の中に変数を入れることもできます。その場合は、format() という関数を利用します。シングルコーテーションやダブルコーテーションで括った固定文字列の中の、変数を入れたい部分に波カッコ {} を挿入し、固定文字列のうしろに「.format()」を付けます。使い方が今までよりも少し複雑ですが、まずはインタラクティブモードで下記のコードを書いてみましょう。

```
IDLE インタラクティブモード
>>> name = 'Kosei Nishi'
>>> print('こんにちは、{}さんゲームの世界にようこそ
'.format(name))
こんにちは、Kosei Nishi さんゲームの世界にようこそ
```

ここに変数「name」の値が入る
「format()」の前にはドット（.）が必要
波カッコが消えて変数「name」の値が入る

実行してみると、上記のように固定文字列の中の波カッコに、変数「name」の値「Kosei Nishi」が入り込んだことがわかります。ゲームの最初の設定で自分の名前を入れたあとに、よく返答されるメッセージですね。

■ format()関数で複数の文字列型変数を扱う

　先ほどは、変数「name」の値という1つの文字列を扱っただけでしたが、プログラムではもっと多くの変数を利用することがよくあります。format()関数を使って複数の変数を入れる場合は、「format()」のカッコの中に、複数の変数をカンマ (,) で区切りながら入れます。固定文字列の中の変数を挿入する部分にはそれぞれ {} を入力しますが、「format()」のカッコの中の変数の順番と対応するように、{} の中に番号を入れます。このとき、最初の番号は「0」からはじまることに注意してください。

　インタラクティブモードで、下記のようにコードを入力して確認してみましょう。

```
IDLE インタラクティブモード
>>> name = 'Kosei Nishi'
>>> game = ' 楽しいゲーム '
>>> print(' こんにちは、{0} さん　{1} の世界にようこそ '
.format(name,game))
```
{}に「format()」のカッコ内の変数の番号を入れる

こんにちは、Kosei Nishi さん　楽しいゲームの世界にようこそ

{}が消えて、変数の値が入る

　実行すると、用意した変数「name」が {0} の部分に入り、変数「game」が {1} の部分に入った文字列が表示されることが確認できます。これが、format()関数で複数の文字列型変数を扱う方法です。

指定した位置の文字を表示する

■ 文字列の指定した位置（インデックス）の文字を表示する

　先ほどのゲームの設定画面の例では、変数「name」の値「Kosei Nishi」を最初から指定していました。もちろんPythonは、値をそのまま使用できるだけではありません。ここでは、値（名前）のイニシャルを表示するプログラムを作成してみましょう。
　文字列の中の特定の文字を指定して表示するためには、その変数のあとに角カッコ [] を付けて、その中に指定したい文字の位置を番号として入れます。このとき、最初の番号は「0」からはじまります。たとえば、変数の値が「Kosei」であれば、文字列のそれぞれの文字は次のような番号を与えられています。

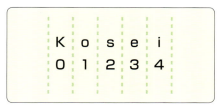

図01
文字列の文字ごとに与えられた番号

　この番号で示された位置を<u>インデックス</u>と呼びます。今回はイニシャルを表示させるため、インデックスは「0」を指定します。インタラクティブモードで、下記のようにコードを入力してみてください。

IDLE インタラクティブモード
```
>>> first_name = 'Kosei'
>>> print(first_name[0])
K
```
変数のすぐあとに[0]を付ける

　上記のように、変数「first_name」の値「Kosei」のうち、「0」で指定した頭文字「K」だけが表示されます。仮に「print()」のカッコ内で「first_name[3]」と指定したとすれば、「e」が表示されます。

■ インデックスとformat()関数を併用する

　インデックスと format() 関数を併用すれば、氏名のイニシャルを固定文字列の中に入れるプログラムを作成できます。インタラクティブモードで、下記のようにコードを書いてみましょう。

IDLE インタラクティブモード
```
>>> first_name = 'Kosei'
>>> last_name = 'Nishi'
>>> print('こんにちは、{0}{1}さんゲームの世界にようこそ'.format(first_name[0],last_name[0]))
こんにちは、KNさんゲームの世界にようこそ
```

　このように、インデックスと format() 関数を併用すれば、氏名のイニシャルを固定文字列の中に入れて表示することができます。文字列は、さまざまな場面で利用するため、練習としてインデックスの数字を変更するなどして、どのような結果になるか試してみましょう。

STEP 3 文字列を連結する

文字列は、単独で使用できるだけでなく、連結したりくり返して使ったりすることもできます。こうした連結やくり返しには、演算子を使用します。どのような場面で使用するのかも含めて、文字列の連結やくり返しについておさえておきましょう。

文字列をプログラムで操る

文字列は、自由に連結して使用することができます。ところで、どのような場面で、こうした文字列の連結が必要になるのでしょうか。

■ 保存する値と表示する値が異なるとき

たとえば、Webサービスに登録するとき、フォーム（入力欄）には、苗字と名前を別々に入力する場合が多いでしょう。Webサービス側も苗字と名前を別々に保存しますが、登録したユーザーに対して、姓名を合わせて呼びかけたいことも多々あります。そのような場合に、文字列を連結して使用するのです。

図01 文字を連結して表示する例

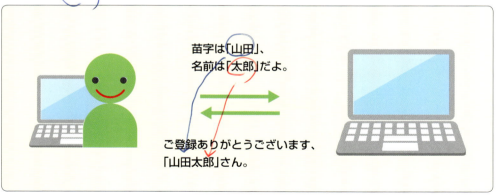

■ 文字列を連結する

文字列型のデータは、お互いに連結することができます。このときに利用する記号は、演算子のプラス（+）です。インタラクティブモードで、下記のコードを入力してみましょう。

```
IDLE インタラクティブモード
>>> first_name = 'Kosei'
>>> last_name = 'Nishi'
>>> print(first_name + last_name)
KoseiNishi
```

「+」で連結する

　実行してみると、上記のように「first_name」と「last_name」という2つの変数の文字列の値がつながって出力されていることがわかります。これは、2つの変数から新しくもう1つの文字列を生成していることを意味しています。
　では、次に下記のようにコードを入力してみましょう。

```
IDLE インタラクティブモード
>>> full_name = 'Kosei'
>>> print(full_name)
Kosei
>>> full_name += 'Nishi'
>>> print(full_name)
KoseiNishi
```

「+=」で文字列を追加する

　上記では、変数「full_name」に直接文字列を追加することで、文字列が「KoseiNishi」に増えています。このように文字列を追加するには「＋＝」を利用します。

■ 文字列をくり返し使う

　同じ文字列を複数回くり返してつなげる方法もあります。この方法では、掛け算に利用する演算子のアスタリスク（*）を、くり返したい文字列のあとに付け、くり返す回数を入力します。下記のようにコードを入力してみましょう。変数「first_name」が5回くり返し表示されたあと、変数「last_name」が続けて表示されます。

```
IDLE インタラクティブモード
>>> first_name = 'Kosei' * 5
>>> last_name = 'Nishi'
>>> print(first_name + last_name)
KoseiKoseiKoseiKoseiKoseiNishi
```

5回くり返す

STEP 4 数値型の基本

数値を扱うデータ型を**数値型**と呼びます。ただし、数値型の中にもさまざまな型があります。プログラムでよく利用するのはやはり数値の演算のため、利用方法も含めてそれぞれの違いをしっかりとおさえておきましょう。

整数や小数点数など数値はさまざま

数値を扱うデータ型、**数値型**は、STEP 2 で解説した文字列型の str 型と同じぐらい利用されるものかもしれません。ただし、文字列では、日本語も英数字も同じ str 型として扱っていましたが、数値型には数値の種類によってそれぞれ違う型があります。Python では、数値型として主に下記の型を扱います。

- 整数型（int 型）
- 浮動小数点数型（float 型）

簡単に言えば、小数点があるかないかで整数型（int 型）と浮動小数点数型（float 型）が区別されます。それぞれについて、具体的に見ていきましょう。

整数型（int型）を利用する

整数の数値を扱う型を整数型（int 型）と呼びます。前章でも数値を使っていましたが、整数の値はすべてこの int 型でした。IDLE のインタラクティブモードで下記コードを入力し、type() 関数を使って整数「4」の型名を表示させてみましょう。

IDLE インタラクティブモード

```
>>> number = 4
>>> print(type(number))
<class 'int'>
```

実行してみると、上記のように「class 'int'」と出力され、int 型だと確認できます。変数でも int 型として扱われているのです。

■ 値として扱える最大値がある

　int 型の値としては、最大でいくつまで扱えるのでしょうか。厳密には限界があります。パソコンの環境によって異なりますが、64bit のパソコンでは「9,223,372,036,854,775,807」が扱える最大値です。

■ int型で利用できる演算

　int 型で利用できる基本的な演算については、P.086～091 の演算子の部分で解説したとおりです。まだ解説していない演算としては、二乗などに代表されるべき乗が挙げられます。べき乗を行うには、整数のあとに「**」を付け、掛け合わせる数（指数）を入力します。たとえばインタラクティブモードで下記のように入力すれば、「5の二乗」が計算されて、「25」という答えが出力されます。

IDLE インタラクティブモード
```
>>> 5 ** 2
25
```

■ int型をstr型とあわせて表示する

　STEP 1 で解説したように、データ型の異なる数値と文字列を演算子のプラス（＋）で連結しようとすると、下記のようなエラーが出てしまいます。

IDLE インタラクティブモード
```
Traceback (most recent call last):
  File "<pyshell#2>", line 1, in <module>
    print(number + alphabet)
TypeError: unsupported operand type(s) for +: 'int' and 'str'
```

　このように、通常は int 型と str 型を連結することはできません。しかし、format() 関数を使うことで int 型の変数の値を文字列といっしょに表示することができます。

IDLE インタラクティブモード
```
>>> step = 4
>>> print('今のページは、STEP {}です。'.format(step))
今のページは、STEP 4 です。
```

実行してみると、上記のようにint型の変数「step」の値が、文字列の中でいっしょに表示されていることがわかります。このように、format()関数を使うことで、int型とstr型を同時に利用することができるのです。

では、int型とstr型を組み合わせて表示された値のデータ型は何になっているでしょうか。type()関数を使って調べてみましょう。

IDLE インタラクティブモード
```
>>> step = 4
>>> print(type('今のページは、STEP {}です。'.format(step)))
<class 'str'>
```

実行してみると、上記のように「class 'str'」と出力され、str型として扱われていることがわかります。これより、int型とstr型を同時に利用しているのではなく、int型をstr型に変換し、str型として連結して表示されているということがわかります。

浮動小数点数型（float型）を利用する

小数点付きの数値を扱うためには、浮動小数点数型（float型）を利用します。浮動小数点数を英語で表現すると「floating point number」となるため、最初のfloatingからfloat型と名付けられています。

インタラクティブモードで、以下のコードを入力し、type()関数を使って浮動小数点数「1.0」の型名を表示させてみましょう。

> **用語解説　浮動小数点数**
> 浮動小数点数とは、小数点の位置を固定せずに表現される数のことです。反対に、小数点の位置を固定するものを、固定小数点数と呼びます。浮動小数点数は、固定小数点数よりも扱える数値の範囲が広いため、プログラムでの演算に向いています。

IDLE インタラクティブモード
```
>>> f_number = 1.0
>>> print(type(f_number))
<class 'float'>
```

実行してみると、上記のように「class 'float'」と出力され、float型であることが確認できます。

■ int型の割り算でもfloat型に変換される

int型の値を割り算すると、結果がfloat型に変換された状態になります。これは、割り算をして割り切れず、小数点付きの数になる場合だけでなく、割り切れる場合でも同様です。int型のままにしておくには、「／／」を利用して余りを切り捨てます（P.088～089参照）。インタラクティブモードで下記のコードを入力しましょう。

```
IDLE インタラクティブモード
>>> division_float = 5/2
>>> print(type(division_float))
<class 'float'>
>>> division_int = 5//2
>>> print(type(division_int))
<class 'int'>
```

実行してみると、上記のように、「／」で割り算した場合は「class 'float'」と出力され、float型であることが確認できます。そして、「／／」で割り算した場合は「class 'int'」と出力され、int型であることが確認できます。

■ str型との足し算はできない

int型と同様、float型も、文字列型のstr型とプラス（+）で演算することができません。インタラクティブモードで下記のコードを入力し、確認してみましょう。

```
IDLE インタラクティブモード
>>>    f_number = 5/2
>>>    print(f_number)
2.5
>>>    print(f_number + 'abc')
(中略)
TypeError: unsupported operand type(s) for +: 'float' and 'str'
```

上記のように「TypeError」というエラーメッセージが表示されます。float型とstr型は、「+」でつなげられるようにサポートされていないという内容です。

STEP 5 リスト型の基本

値をグループとしてまとめて扱う**リスト型**というデータ型があります。複数の値をまとめることのメリットを意識しながら、リストの作成や利用の方法についておさえていきましょう。

複数の値をひとまとめにするリスト型

　Pythonでは、値をひとまとめにできる**リスト（list）**というものがあります。int型やstr型と同じように、**「=」の左に変数を置き、右に角カッコ []を置いて、その中に数字や文字をカンマ（,）で区切ってグループを作成します。**このリストを使ってひとまとめにされた値を**リスト型**と呼びます。なお、ほかの言語では、リストに似たものとして「配列」が利用されます。

　たとえば、トランプの数字を奇数と偶数のグループに分ける場合を例にして考えてみましょう。IDLEのインタラクティブモードで、下記のコードを入力してください。

IDLE インタラクティブモード
```
>>> kisu = [1,3,5,7,9]
>>> print(kisu)
[1, 3, 5, 7, 9]
>>> gusu = [2,4,6,8,10]
>>> print(gusu)
[2, 4, 6, 8, 10]
>>> print(type(gusu))
<class 'list'>
```

[]の中に奇数を「,」で区切って入れる
[]の中に偶数を「,」で区切って入れる

　1行目では**変数「kisu」に奇数「1,3,5,7,9」をまとめて代入**し、4行目では**変数「gusu」に偶数「2,4,6,8,10」をまとめて代入**しています。また7行目でtype()関数で変数「gusu」を調べると、「class 'list'」と出力され、リスト型であることが確認できます。

　このように値をまとめてグループを作成できることがリスト型の便利なところです。

■ 整数型や文字型など違った型も入れられる

リストには、数字のほか文字も入れることができます。「ジャック」「キング」を先ほど作ったリストに追加してみましょう。値を追加するときには、**append()** という関数を使い、リストの変数名のあとに「.」を付けて「append()」をつなげます。

```
IDLE インタラクティブモード
>>> kisu.append('ジャック')
>>> kisu.append('キング')
>>> print(kisu)
[1, 3, 5, 7, 9, 'ジャック', 'キング']
```

上記のように、文字も数字も同じリストに入っていることがわかります。また、下記のようにリストの中にリストを入れて、入れ子構造にすることもできます。

```
IDLE インタラクティブモード
>>> kisu.append([11,13])
>>> print(kisu)
[1, 3, 5, 7, 9, 'ジャック', 'キング', [11, 13]]
```

■ リスト内の特定の値を指定して表示する

リストの中の値には、「0」からはじまる番号（インデックス）が振り分けられています。下記のように、リストの変数名のあとに角カッコ []を付けてこの番号で指定すれば、リスト内の特定の値を表示することができます。

```
IDLE インタラクティブモード
>>> print(kisu)
[1, 3, 5, 7, 9, 'ジャック', 'キング', [11, 13]]
>>> print(kisu[3])
7
>>> print(kisu[6])
'キング'
>>> print(kisu[7][1])
13
```

[7]の中の[1]を指定している

■ リスト内の指定した範囲から値を取り出す

リストのインデックス番号を範囲で指定して表示する、スライス（slice）と呼ばれる方法を紹介します。変数のあとに角カッコ []を付けて番号で指定しますが、コロン（:）で範囲を指定します。下記のコードを実行してみましょう。「0:4」なら「0 から 3」、「2:」なら「2 以上」、「:3」なら「2 以下」を意味していることがわかります。

IDLE インタラクティブモード

```
>>> kisu[0:4]
[1, 3, 5, 7]
>>> kisu[2:]
[5, 7, 9, 'ジャック', 'キング', [11, 13]]
>>> kisu[:3]
[1, 3, 5]
```

■ 値をスキップしながら表示する

リスト内の範囲を指定しながら、値をスキップすることもできます。リストの変数名のあとに付ける角カッコ []内の 3 つ目の数字で、いくつずつ番号を進めて表示するのかを指定します。

IDLE インタラクティブモード

```
>>> kisu[0:6:2]
[1, 5, 9]
```

2つずつ先に進むように指定している

■ インデックスを右端から数える

インデックス右端から番号を数える場合は、番号にマイナス（−）を付けます。左端から数える場合は「0」からですが、右端から数える場合は「− 1」からはじまります。なお、インデックスの右から左へかけての範囲指定はできません。

IDLE インタラクティブモード

```
>>> kisu[-4:-1]
[9, 'ジャック', 'キング']
>>> kisu[-1:-4:-1]
[[11, 13], 'キング', 'ジャック']
```

スキップを入れた右から左への範囲指定はできる

■ リスト内の指定した値のインデックス番号を調べる

　リストのインデックスを指定するとその番号の値を表示できますが、反対に<mark>リストに入っている値のインデックス番号を調べることもできます。</mark>インデックス番号を調べるには、**index()** という関数を利用します。下記のように、<mark>リストの変数名のあとに「.」を付けて、「index()」を入力し、カッコ内に値を入力してみましょう。</mark>

```
IDLE インタラクティブモード
>>> print(kisu)
[1, 3, 5, 7, 9, 'ジャック', 'キング', [11, 13]]
>>> print(kisu.index(7))
3
>>> print(kisu.index(2))
（中略）
ValueError: 2 is not in list
```

　上記の3行目で変数「kisu」の値「7」のインデックス番号を調べたところ、「3」と出力されていることがわかります。ただし、5行目のように、<mark>そもそもリストにない値を指定した場合はエラーが発生する</mark>ので注意しましょう。

■ リスト内に指定した値があるかを判断する

　index() 関数ではリスト内にない値を指定するとエラーが起こってしまいましたが、<mark>エラーを起こさずに値の有無を判断するものに in 機能があります。リストの変数名の前に「in」を置き、さらにその前に値を置きます。</mark>下記のように、コードを入力してみましょう。

```
IDLE インタラクティブモード
>>> print(3 in kisu)
True
>>> print(2 in kisu)
False
```

　上記のように、リスト内に指定した値があれば「True」、なければ「False」と表示されます。

■ リスト内に指定した値がいくつあるか調べる

値がリスト内にいくつあるか調べてくれる count() 関数があります。下記のように入力してみましょう。1 行目で変数「kisu」内の「3」を調べると 1 つだけと答えますが、3 行目で変数「kisu」に「3」を追加すると、「3」が 2 つあると答えます。

IDLE インタラクティブモード
```
>>> print(kisu.count(3))
1
>>> kisu.append(3)
>>> print(kisu.count(3))
2
```

■ リストの長さを調べる

リスト内にどれだけの値が入っているかを調べるには、len() 関数を使用します。下記のように、「len()」のカッコ内にリストの変数名を入れて確認してみましょう。

IDLE インタラクティブモード
```
>>> print(len(kisu))
7
```

リストの値を更新／削除する

■ リストの値を更新する

リストのインデックス番号を指定して「=」を利用することで、該当するインデックスの値を更新することもできます。下記のように、リストの変数名のあとに角カッコ [] でインデックス番号を指定し、「=」を続けて、更新したい値を入力します。

IDLE インタラクティブモード
```
>>> print(kisu)
[1, 3, 5, 7, 9, 'ジャック', 'キング', [11, 13], 3]
>>> kisu[8] = 15
>>> print(kisu)
[1, 3, 5, 7, 9, 'ジャック', 'キング', [11, 13], 15]
```
「3」から「15」に更新されている

■ インデックスで指定してリストの値を削除する

インデックス番号で値を指定してリストの値を削除するには、del 機能を使用します。下記のように、「del」のあとにリストの変数名を続け、角カッコ [] でインデックス番号を指定します。

IDLE インタラクティブモード
```
>>> print(kisu[5])
ジャック
>>> del kisu[5]
>>> print(kisu)
[1, 3, 5, 7, 9, 'キング', [11, 13], 15]
```

■ 値で指定してリストの値を削除する

remove() 関数を使えば、リスト内の値を指定して削除できます。下記のように、リストの変数名のあとに「.」を置き、「remove()」を続けて、カッコ内に値を入れます。値が 2 つ以上ある場合は、インデックス番号が小さい左のものが消されます。

IDLE インタラクティブモード
```
>>> print(kisu)
[1, 3, 5, 7, 9, 'キング', [11, 13], 15]
>>> kisu.remove(9)
>>> print(kisu)
[1, 3, 5, 7, 'キング', [11, 13], 15]
```

リストどうしを比較する

比較演算子（P.090 ～ 091 参照）を使い、リストどうしを比較することもできます。

IDLE インタラクティブモード
```
>>> print([1,3,5] == [1,3,5])
True
>>> print([1,3,5] > [5,3,1])
False
```

STEP 6 タプル型の基本

変更できないデータのグループを作成するためには、**タプル型**が重要になってきます。リスト型とよく似ているため、違いに注目しながら、タプル型の作成や利用の方法についておさえましょう。

リストと近いが値が変更できないタプル

これから紹介する**タプル型**のタプル（tuple）とは、「複数のものからなる組」を表す言葉で、リストと同じように数字や文字列などを入れることができるものです。しかしリストと異なり、「値の変更ができない」ことが大きな特徴です。

■ どのような場合に使うのか

リストがあるのに、タプルを使う必要があるのはどのような場合なのでしょうか。実は、値を列挙したあと、定数のようにその値を変更せずに使いたい場合です。たとえば曜日がその好例です。曜日自体は、今後増えることも減ることもないため値を変更する必要はありません。今回は、曜日を使ったタプルを作成して練習してみましょう。

STEP 5 のインタラクティブモードを持続させたまま、下記のコードを作成してみましょう。

```
IDLE インタラクティブモード
>>> week = ('日','月','火','水','木','金','土')
>>> print(week)
('日','月','火','水','木','金','土')
```

このようにタプルは丸カッコ () で値を括り、カンマ（,）で値を区切って扱います。

■ リストの変数をタプル型にする

タプルの中の値には、リストと同様に数字も文字列も入れることができますが、リストもタプルの中に入れることができます。リストの変数をタプル型にして新しく作る際には、tuple() 関数を使います。

```
IDLE インタラクティブモード
>>> new_kisu = tuple(kisu) ⏎
>>> print(new_kisu) ⏎
(1, 1, 5, 7, 'キング', [11, 13], 15)
>>> print(type(new_kisu)) ⏎
<class 'tuple'>
```

　1行目でリストの変数「kisu」をタプル型にし、変数「new_kisu」に代入しています。3行目でtype()関数を使ってデータ型を調べると、タプル型だと確認できます。

■ タプル内の特定の値を指定して表示する

　タプルの中の値には、リストと同様にインデックス番号が割り振られています。インデックス番号を指定してタプルの中の値を出すことができます。タプルの場合も、指定されたインデックス番号に値がない場合はエラーが発生します。下記では、P.126で作成した曜日のタプルを使って、あえてエラーを起こしています。

```
IDLE インタラクティブモード
>>> print(week[4]) ⏎
木
>>> week[8] ⏎          ──── 8つ目の値はないためエラーが出る
(中略)
IndexError: tuple index out of range
```

■ タプルの指定した範囲から値を取り出す

　タプルでも、リストと同様にスライス（P.122参照）が行えます。

```
IDLE インタラクティブモード
>>> print(week[1:4]) ⏎
('月', '火', '水')
>>> print(week[4:]) ⏎
('木', '金', '土')
```

■ タプル内の指定した値のインデックスを調べる

　リストと同様、==指定した値の振り分けられているインデックス番号を調べるindex() 関数==が使えます。左端から値を調べていき、最初に該当したインデックス番号を出してくれます。下記のようにコードを入力してみましょう。

```
IDLE インタラクティブモード
>>> print(week.index('火'))
2
>>> print(week.index('日'))
0
>>> print(week.index('monday'))
(中略)
ValueError: tuple.index(x): x not in tuple
```

　上記のように、1 行目と 3 行目では、指定した値のインデックス番号が出力されています。しかし、5 行目ではエラーが発生しています。このエラーメッセージは、「index() の中の値がタプルにありません」という内容です。このように、==値が存在しないものを指定するとエラーとなる==ため注意してください。

■ タプル内に指定した値があるかを判断する

　index() 関数ではタプル内にない値を指定するとエラーが起こってしまいましたが、値の有無を判断する==in 機能==を使えばエラーは起こりません。==タプルの変数名の前に「in」を置き、さらにその前に値を置きます。==下記のように、コードを入力してみましょう。

```
IDLE インタラクティブモード
>>> print('火' in week)
True
>>> print('monday' in week)
False
```

　1 行目のようにタプル内にある値を指定すると「True」、3 行目のようにタプル内にない値を指定すると「False」と出力されます。

■ タプル内に指定した値がいくつあるか調べる

　リストと同様に、==タプルでも値がその中にいくつあるかを出してくれる count() 関数が使えます。==下記のように入力してみましょう。1 行目で変数「week」内に 1 つある「火」を調べると「1」と答えますが、3 行目で変数「week」内にない「monday」を調べると「0」と答えます。

```
IDLE インタラクティブモード
>>> print(week.count('火'))
1
>>> print(week.count('monday'))
0
```

■ タプルの長さを調べる

　タプル内にどれだけの値が入っているかを調べるには、==len() 関数==を使用します。下記のように、「len()」のカッコ内にタプルの変数名を入れて入力してみましょう。

```
IDLE インタラクティブモード
>>> print(len(week))
7
```

タプルの値を更新／削除する

■ 値を更新するとエラーが出る

　リストと同様、下記のようにインデックス番号を指定して値を更新してみましょう。

```
IDLE インタラクティブモード
>>> week[2] = 'monday'
(中略)
TypeError: 'tuple' object does not support item assignment
>>> week[8] = 'monday'
(中略)
TypeError: 'tuple' object does not support item assignment
```

このようにエラーが発生します。このエラーメッセージは、「タプルは値の割り当てをサポートしていません」という内容です。値の割り当ては、更新を指しています。このように、もともと値を変えられないタプルを更新しようとすると、エラーが表示されてしまうため注意してください。

■ **タプル内の値は削除できない**

更新ができないのと同様に、タプル内の値を削除することもできません。remove()関数でも del 機能でも削除できません。しかし、タプル自体の変数を削除することはできるため、再度作り直すことは可能です。

下記のようにコードを入力し、remove() 関数でも del 機能でも値を削除できないことを確認してから、タプル自体の変数「week」を削除し、再度作り直してみましょう。

IDLE インタラクティブモード

```
>>> week.remove('火')
Traceback (most recent call last):
  File "<pyshell#66>", line 1, in <module>
    week.remove('火')
AttributeError: 'tuple' object has no attribute 'remove'
>>> del week[2]
Traceback (most recent call last):
  File "<pyshell#67>", line 1, in <module>
    del week[2]
TypeError: 'tuple' object doesn't support item deletion
>>> del week
>>> print(week)
(中略)
NameError: name 'week' is not defined
>>> week = ('日','月','火','水','木','金','土','monday')
>>> print(week)
('日', '月', '火', '水', '木', '金', '土', 'monday')
```

※ `del week` — タプルの変数「week」の削除

タプルどうしを比較する

比較演算子（P.090～091参照）を使い、タプルどうしを比較することもできます。リストの場合と同様に、演算子によって意味合いが変わるため注意してください。

IDLEインタラクティブモード
```
>>> (1, 2, 3) == (1, 2, 3)
True
>>> (1, 2, 3) > (5, 2)
False
>>> (1, 2, 3) > (1, 2)
True
```

タプルの特徴を検証する

タプルは、値の追加や更新を考えないため、作成するスピードが速いことが特徴です。作成スピードの検証をしてみましょう。プログラムの作成ではありませんが、興味がある人は実際にやってみてください。Pythonのコマンドのオプションを利用することで、1,000万回指定のコードを実行した結果を表示してくれます。IDLEではなく、PowerShellを利用して下記のように入力します。

PowerShell
```
PS C:¥Users¥ユーザー名> python -m timeit "x=(1,2,3,4,5)"
10000000 loops, best of 3: 0.0189 usec per loop
PS C:¥Users¥ユーザー名> python -m timeit "x=[1,2,3,4,5]"
10000000 loops, best of 3: 0.0786 usec per loop
```

　タプルとリストを1,000万回新規作成すると、タプルのほうは1回あたり0.0189秒、リストのほうは1回あたり0.0786秒かかったという結果になりました。この1回あたりの差が、1,000万回分になると、約60万秒、時間にすると約166時間です。一度のプログラムで1,000万回の作成をすることはほとんどないかもしれませんが、小さな時間の差が何度も発生すると積もりに積もってものすごい差になるものです。値の更新や削除を考えていない場合は、タプル型を優先して作ったほうが、速く実行されるプログラムを作ることができるのです。

STEP 7 そのほかのデータ型

Pythonでは、今まで紹介したほかにもさまざまなデータ型があります。どのようなデータ型があり、それぞれどのような使い方をするのかをしっかりとおさえましょう。

値の場所にキーを設定できる「辞書型」

　リスト型やタプル型では、値を取り出すためにインデックス番号を指定していましたね。しかし、値が増えていくと、ほしい値のインデックス番号をすぐに出すことが困難になります。たとえば、下図のように各国の首都が文字列で入っているリストがある場合、特定の国の首都を知ろうとしてインデックス番号を指定するためには、中身のインデックスすべてを把握する必要があります。

図01 リスト型ではインデックス番号を把握しにくい

```
リスト型 = [値,…]

capital = ['Tokyo', 'Beijing', 'Washington',…]
```

「Beijing」を知りたい場合、変数「capital」の何番目にあるか知っていなければ取得できない

　こうした扱いにくさを解消するためにあるのが**辞書型**（dict型）です。辞書型では、インデックス番号のかわりに「キー」として文字列や数字を設定することができます。たとえば国名の文字列をキーに設定すれば、国名と首都をペアとして利用することができます。

図02 辞書型なら値の場所にキーを設定できる

```
辞書型 = {キー:値,…}

capital = {'Japan':'Tokyo', 'China':'Beijing', 'America':'Washington',…}
```

「Beijing」を知りたい場合、「capital['China']」で取得できる

132

■ 辞書型を作ってみる

辞書型を作成する方法は複数あります。まずは、値を入れる場所を示すキーを、値といっしょに設定する方法から解説します。カッコは波カッコ {} を使用し、{ キー 1: 値 1, キー 2: 値 2, … } と、キーと値をペアにして下記のように作成します。

IDLE インタラクティブモード

```
>>> capital = {'Japan':'Tokyo', 'China':'Beijing',
'America':'Washington'}
>>> print(capital )
{'Japan': 'Tokyo', 'China': 'Beijing', 'America':
'Washington'}
```

■ copy()関数を使う

copy() 関数とは、内容を新しい変数にコピーするものです。たとえばアジア限定の、国と首都のペアの辞書型を作るときなどに便利です。copy() 関数は、下記のように辞書型の変数名のうしろに「.copy()」をつなげて使用します。

IDLE インタラクティブモード

```
>>> capital_asia = capital.copy()
>>> print(capital_asia)
{'Japan': 'Tokyo', 'China': 'Beijing', 'Thai':
'Bangkok'}
```

■ 辞書型のキーをリストから作る

キーをリストで作成したあとに値を入れられる dict.fromkeys() という関数が使えます。たとえば、首都名だけあとで調べて入れたい場合などに利用できます。下記のように、「dict.fromkeys()」のカッコ内にリストを記述して使用します。

IDLE インタラクティブモード

```
>>> unknow_capital = dict.fromkeys(['Japan',
'China','America'])
>>> print(unknow_capital)
{'Japan': None, 'China': None, 'America': None}
```

辞書型の値を読み込む

■ キーを指定して値を読み込む

　辞書型では、キーを指定して値を読み込むことができます。下記のように、辞書型の変数名のあとに角カッコ[]でキーを指定します。しかし、キーが存在しなかった場合、「KeyError」というエラーが表示されるため注意してください。リスト型で利用できたインデックス番号も利用できません。

```
IDLE インタラクティブモード
>>> print(capital['Japan'])
Tokyo
>>> print(capital['Tokyo'])
(中略)
KeyError: 'Tokyo'
>>> print(capital[0])
(中略)
KeyError: 0
```

■ get()関数で値を読み込む

　辞書型では、キーで値を読み込むget()という関数も使用できます。上記のキーを指定して値を読み込む方法との違いは、値が存在しないときにはエラーではなくNoneという何も値がない状態が表示されることです。下記のように、辞書型の変数名のあとに「.get()」をつなげ、カッコ内でキーを指定します。

```
IDLE インタラクティブモード
>>> Japan_capital = capital.get('Japan')
>>> print(Japan_capital)
Tokyo
>>> Japan_capital = capital.get('Tokyo')
>>> print(Japan_capital)
None
```

■ キーや値だけを読み込む

　辞書型の中身はキーや値で複雑になりがちです。そのため、**キーだけを読み込む関数として keys()** が、値だけを読み込む関数として **values()** があります。また、**値とキーのペアを読み込むことができる items()** もあります。それぞれ、辞書型の変数名のあとに「.」を置いてつなげます。下記のように入力して試してみましょう。

```
IDLE インタラクティブモード
>>> print(capital)
{'Japan': 'Tokyo', 'China': 'Beijing', 'America':
'Washington'}
>>> print(capital.keys())
dict_keys(['Japan', 'China', 'America'])
>>> print(capital.values())
dict_values(['Tokyo', 'Beijing', 'Washington'])
>>> print(capital.items())
dict_items([('Japan', 'Tokyo'), ('China', 'Beijing'),
('America', 'Washington')])
```

　これらの関数を使えば、上記のようにそれぞれ必要なデータだけを表示できます。また、**items() 関数を使用すると、カッコで括られるためペアが見やすくなることもポイント**です。

■ in機能でキーの存在を確認する

　辞書型では、キーを間違って指定するとエラーが表示されるため、エラーを回避する get() 関数がありました。しかし、この機能もキーが存在しているかどうかを知らなければ「None」が出力されてしまいます。**辞書型の変数のキーに指定したものが含まれているか確認するには、in 機能を使いましょう。辞書型の変数名の前に「in」を置き、さらにその前にキーを置きます。**キーが含まれていた場合は「True」、含まれていない場合は「False」が出力されます。

```
IDLE インタラクティブモード
>>> 'Tokyo' in capital
False                    ← キーではなく値を指定したため「False」
```

■ 辞書型のキーと値のペアの数を調べる

　辞書型では、**len() 関数を使ってキーと値のペアの数を調べることができます。**下記のように、「len()」のカッコ内に辞書型の変数名を入れて実行してみましょう。

IDLE インタラクティブモード
```
>>> print(capital) ⏎
{'Japan': 'Tokyo', 'China': 'Beijing', 'America': 'Washington'}
>>> print(len(capital)) ⏎
3
```

辞書型の値を更新／削除する

■ キーを指定して値を更新する

　辞書型では、**キーを指定して値を代入することで値を更新できます。**もしキーが存在していない場合、新しいキーとペアとして変数に追加されます。**辞書型の変数名のあとに角カッコ [ ] でキーを指定し、「=」を続け、更新したい値を入力します。**

IDLE インタラクティブモード
```
>>> capital['Japan'] = '東京' ⏎
>>> print(capital) ⏎
{'Japan': '東京', 'China': 'Beijing', 'America': 'Washington'}
>>> capital['italy'] = 'rome' ⏎
>>> print(capital) ⏎
{'Japan': '東京', 'China': 'Beijing', 'America': 'Washington', 'Italy': 'Rome'}
```

■ キーを指定して値とキーのペアを削除する

　辞書型ではキーと値がペアのため、**キーを指定して削除するとペアとなる値も削除されます。**削除には、2種類の方法があります。まずは、**キーを指定して値を削除する del 機能**を試してみましょう。

```
IDLE インタラクティブモード
>>> del capital['Japan']
>>> print(capital)
{'China': 'Beijing', 'America': 'Washington', 'Italy':
'Rome'}
>>> del capital['Japan']
(中略)
KeyError: 'Japan'
```

　上記のように、「del」のあとに辞書型の変数名を続け、角カッコ [] でキーを指定します。==辞書型に指定したキーが存在しない場合はエラーメッセージ「KeyError」が表示される==ため、2度消しなどをしないように注意してください。

■ キーを指定して値を元データから取り出す

　==pop() 関数==を使えば、変数からキーを指定して値を取り出す形で削除できます。ただし、値を取り出すにすぎないため、以下のように取り出した値を受け取る変数を指定する必要があります。

```
IDLE インタラクティブモード
>>> country = capital.pop('America')    ← 変数「capital」から値
                                          「America」を取り出し、変
>>> print(capital)                        数「country」に代入している
{'China': 'Beijing', 'Italy': 'Rome'}
>>> print(country)
Washington
>>> country = capital.pop('America')    ← 上で「America」を取り出し
                                          済みのためエラーになる
Traceback (most recent call last):
  File "<pyshell#43>", line 1, in <module>
    country = capital.pop('America')
KeyError: 'America'
```

137

値が重複しないグループ「セット型」

　セット型（集合型）は、データの集まりである集合を扱うためのデータ型です。複数のデータをまとめることができる点で、リスト型やタプル型と似ていますが、==値の重複をさせないところがこのセット型の特徴==です。また、==インデックスがないため、値の表示は作成した順番通りになりません。==例として、東京都に隣接する県をセット型で作成してみましょう。セット型は、**set()** という関数を使用して、下記のように作成します。==カッコ内で値を角カッコ [] でまとめていることがポイント==です。

IDLE インタラクティブモード
```
>>> border_tokyo = set(['yamanashi', 'saitama', 'kanagawa'])
>>> print(border_tokyo)
{'yamanashi', 'kanagawa', 'saitama'}
>>> print(type(border_tokyo))
<class 'set'>
```

■ 値を更新させないセット型「frozenset型」

　セット型の一種として、==値を更新することができない「frozenset 型」==もあります。frozenset 型では、==重複しない値を追加しようとした場合にもエラーが表示されます。==例として、下記のように静岡県に隣接する県を frozenset 型で作成しましょう。

IDLE インタラクティブモード
```
>>> border_shizuoka = frozenset(['nagano','aichi','yamanashi','kanagawa'])
>>> print(border_shizuoka)
frozenset({'yamanashi', 'aichi', 'nagano', 'kanagawa'})
>>> print(type(border_shizuoka))
<class 'frozenset'>
```

■ 値を追加する

　セット型に値を追加するには==add() 関数==を利用します。==セット型の変数名のあとに「.add()」と続け、カッコ内に値を入れます。==値が重複すると反映されません。

```
IDLE インタラクティブモード
>>> border_tokyo .add('chiba')
>>> print(border_tokyo)
{'yamanashi', 'kanagawa', 'saitama', 'chiba'}
>>> border_tokyo.add('kanagawa')
>>> print(border_tokyo)
{'yamanashi', 'kanagawa', 'saitama', 'chiba'}
```

重複する「kanagawa」は反映されないが、エラーは表示されない

■ 2つのセット型を組み合わせる

　セット型は、集合を扱うための機能があります。2つのデータの集合から、組み合わせて新しいセット型を作成する場合、どちらかが持っている値すべてをまとめてセット型にするunion()関数（論理和）と、両方が持っているデータのみでまとめてセット型にするintersection()関数（論理積）が使えます。

図03 論理和（左）と論理積（右）

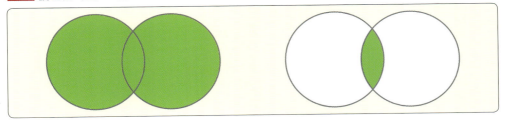

■ union()関数で論理和を作る

　論理和とは、2つの集合のうちどちらかが持っているかどちらも持っている値を組み合わせたものです。論理和を実現するunion()関数は下記のように利用します。ここでは、東京都に隣接する県と静岡県に隣接する県を組み合わせて表示しています。また、重複する「yamanashi」などは、1つだけ表示されます。

```
IDLE インタラクティブモード
>>> tokyo_or_shizuoka = border_tokyo.union(border_shizuoka)
>>> print(tokyo_or_shizuoka)
{'yamanashi', 'chiba', 'kanagawa', 'saitama', 'aichi', 'nagano'}
```

■ intersection()関数で作る論理積

論理積とは、2つの集合の両方が持っている値のみをまとめたものです。論理積を実現する **intersection() 関数**は下記のように利用します。ここでは、東京都と静岡県の両方に隣接する県が「yamanashi」と「kanagawa」だとわかります。

> IDLE インタラクティブモード

```
>>> tokyo_and_shizuoka = border_tokyo.intersection(border_shizuoka)
>>> print(tokyo_and_shizuoka)
{'yamanashi', 'kanagawa'}
```

▌セット型を更新／削除する

セット型の更新では、P.138 で解説した add() 関数を利用して値を追加します。セット型のデータを削除するには、**値がない場合にエラーを表示する remove() 関数**か、**エラーを表示しない discard() 関数**を使います。また、**セット型の中の値をすべて消す clear() 関数**もあります。

> IDLE インタラクティブモード

```
>>> print(tokyo_or_shizuoka)
{'yamanashi', 'chiba', 'kanagawa', 'saitama', 'aichi', 'nagano'}
>>> tokyo_or_shizuoka.remove('aichi')
>>> print(tokyo_or_shizuoka)
{'yamanashi', 'chiba', 'kanagawa', 'saitama', 'nagano'}
>>> tokyo_or_shizuoka.remove('toyama')     ← 「remove()」ではエラーが表示される
（中略）
KeyError: 'toyama'
>>> tokyo_or_shizuoka.discard('toyama')    ← 「discard()」ではエラーが表示されない
>>> tokyo_or_shizuoka.clear()
>>> print(tokyo_or_shizuoka)
set()
```

第5章

基本構文と関数

プログラムには、反復や条件分岐などの処理の基本パターンがあります。それぞれ、構文はもちろん扱い方も異なるため、区別しながらしっかりと覚えましょう。また、関数についてもあわせて詳しく学習します。

STEP 1 反復の基本——for 構文

プログラムでは、同じ動作を反復する場合に動作をひとまとめにする**ループ**という処理があります。ループを行うための構文が **for 構文**で、書き方に特徴があります。for 構文を使いこなせるように基本をおさえましょう。

同じことをくり返すfor構文

　プログラムは、コードが増えれば増えるほど、読みにくくなっていくものです。読みやすさのことを「可読性」と呼びますが、可読性が低くなってしまうと、プログラムの作成から時間が経ったあとでバグに遭遇したとき、直そうと思っても、容易にはバグを見つけることができません。こうした問題を抑制するために重要になってくるのが、同じことをくり返し処理するための **for 構文**です。

　「Hello World!」と5回連続で表示するプログラムを例に見ていきます。スクリプトファイル「program5_1.py」を作成して、下記のようにコードを書いてみましょう。

DATA program5_1.py

```
print('Hello World!')
print('Hello World!')
print('Hello World!')
print('Hello World!')
print('Hello World!')
```

「print()」を5回使用する

　保存して実行すると、下記のように出力されます。

IDLE プログラム実行画面

```
Hello World!
Hello World!
Hello World!
Hello World!
Hello World!
```

「Hello World!」が5行出力される

■ for構文を利用する

　for 構文を利用すれば、「print('Hello World!')」を 5 回書くよりも、はるかにシンプルにコードを記述できます。まずは、for 構文を利用したコードを書いてみましょう。下記のように「program5_1.py」を変更してください。コードの量が 5 行から 2 行に減ってすっきりしましたね。1 行目でくり返す回数を指定し、半角 4 つ分のインデントではじまる 2 行目でくり返す内容を指定しています。for 構文の詳細については、のちほど解説します。

DATA program5_1.py
```
for i in range(5):
    print('Hello World!')
```
for構文で2行にまとめる

　保存して実行すると、下記のように、先ほどと同じ結果となります。コードの量が 5 行から 2 行に減っても、同じ結果を出力できることが確認できました。このようにくり返しを行う動作を「ループ」と呼びます。

IDLE プログラム実行画面
```
Hello World!
Hello World!
Hello World!
Hello World!
Hello World!
```
同様に「Hello World!」が5行出力される

■ 複合文の基本

　for 構文のように、1 文だけではなく、内部に複数の文を持って意味をなす文を「複合文」と呼びます。この複合文では、1 行目のコードを「ヘッダ」と呼び、2 行目以降の内部の複数の文を「ブロック」と呼びます。基本的に複合文は下記のような構成となっています。なお、複合文が入れ子構造になる場合もあります。

```
ヘッダ:
    文(ブロック)
    文(ブロック)
    文(ブロック)
```

図01
複合文の基本構造の例

143

```
ヘッダA:
    文(ブロックA)
    ヘッダB:
        文(ブロックB)
    文(ブロックA)
```

図02 複合文の入れ子構造の例

　ヘッダの文末には、**コロン（:）**を必ず付けてください。そのあとの**インデントからはじまる文がブロック**で、ヘッダの対象となります。

for構文の書き方①──くり返す回数を変数で保持する

```
for 変数 in range( くり返す回数 ):
    くり返すコードのブロック
```

図03 range()関数を使ったfor構文の基本形

　くり返す回数を変数で保持するfor構文から見ていきましょう。上図がその基本形で、**「for」のあとに回数カウント用の任意の変数を入れ、range()という関数のカッコ内でくり返す回数を指定します。**先ほどのプログラムでは変数は表示させませんでしたが、コードを下記のように変更し、format()関数で変数を表示させてみましょう。

DATA program5_1.py
```
for i in range(5):
    print('Hello World!{}回目 '.format(i))
```
ここにくり返しの回数が入る

　保存して実行すると、ヘッダ部分で指定した変数「i」が「0」から1つずつ増えていることがわかります。

IDLE プログラム実行画面
```
Hello World!0回目
Hello World!1回目
Hello World!2回目
Hello World!3回目
Hello World!4回目
```
「0」から1つずつ増えていく

■ 範囲を指定してくり返す

「range()」のカッコ内を変化させることで、いろいろなくり返し方が可能です。プログラムでは、リストなどのインデックスでも開始番号が「0」からでしたが、for 構文でも「range()」に1つの数字だけ指定する場合は、「0」からその数になるまでくり返します。「0〜4」を「1〜5」にしたい場合は、カンマ（,）を使用して下記のように範囲を指定します。

DATA program5_1.py
```
for i in range(1,6):
    print('Hello World!{}回目'.format(i))
```
ここで「1〜5」を指定

保存して実行すると、数字が「1〜5」に変わっていることがわかります。

IDLE プログラム実行画面
```
Hello World!1回目
Hello World!2回目
Hello World!3回目
Hello World!4回目
Hello World!5回目
```
「1〜5」に表示が変わる

また、「range()」のカッコ内の数字を3つにすると、範囲の中でスキップを設定できます。下記のように、3つ目の数字で、いくつずつ数を進めるか指定します。

DATA program5_1.py
```
for i in range(1,6,2):
    print('Hello World!{}回目'.format(i))
```
3つ目の数字で2つずつ数を進めるよう指定

保存して実行すると、「1〜5」の間で2つずつ数が進んでいることがわかります。

IDLE プログラム実行画面
```
Hello World!1回目
Hello World!3回目
Hello World!5回目
```
「1〜5」の間で2つずつ数が進む

第5章 基本構文と関数

145

for構文の書き方②——グループ内の値をくり返す

```
for 変数 in リストやタプルなど :
    くり返すコードのブロック
```

図04 グループを使った for 構文の基本形

　for 構文のもう 1 つの書き方は、リストやタプルなどのグループの中にある値を順に取り出して、くり返しを行う方法です。上図のように、<mark>in 機能のあとにリストやタプルなどを指定します。</mark>まずは、「program5_1.py」を下記のようにリストを使用したものに変更してみましょう。

DATA program5_1.py
```python
for i in ['a','b','c']:
    print('Hello World!{} 回目 '.format(i))
```
リストで「a」「b」「c」を指定

　保存して実行すると、下記のようにリスト ['a','b','c'] の中の 3 つの値が順番に取り出されて表示されます。また、実行するときには「for」のあとの変数「i」を利用しています。つまり、変数「i」にリストの値を順番に入れてくり返すしくみなのです。

IDLE プログラム実行画面
```
Hello World!a 回目
Hello World!b 回目
Hello World!c 回目
```
「a」「b」「c」が順番に表示される

■ いろいろな値でforを実行する

　上ではリストを利用して for 構文を書いてみましたが、<mark>リスト以外にもタプルやセットや文字列などを for 構文で利用することができます。</mark>それぞれを変数に入れて、下記のようにコードを変更しましょう。

DATA program5_1.py
```python
for i in ['a','b','c']:
    print(' リストで for 構文 {}'.format(i))
for i in ('a','b','c'):
    print(' タプルで for 構文 {}'.format(i))
```
リストで「a」「b」「c」を指定
タプルで「a」「b」「c」を指定

```
for i in {'a','b','c'}:
    print('セットでfor構文 {}'.format(i))
for i in 'hello':
    print('文字列でfor構文 {}'.format(i))
```
セットで「a」「b」「c」を指定

　保存して実行すると、下記のようにそれぞれで値を順に取り出してプログラムを実行していることがわかります。中でも特徴的なのは文字列型ではないでしょうか。文字列型のインデックスの小さい番号から、1文字ずつ順番に取り出されて表示されています。

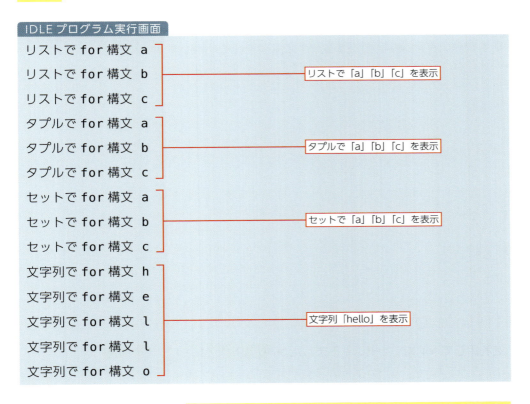

　この for 構文のよい点は、実行時にリストやタプルの中の値がどれだけあるかを確認せずに、値の数だけ実行してくれることです。P.144～145 で解説した range() 関数を使ったものの場合、「range()」のカッコ内に自分で数字を入れなければいけませんが、そこで範囲が間違っていると、意図しない動作になってしまうのです。変数などで値が消えたり増えたりするものをくり返し動作させる場合は、今回のグループを使用した書き方を選択するとよいでしょう。

for構文の書き方③——インデックスと値を使う

図05 enumerate() 関数を使った for 構文の基本形

```
for 変数1 , 変数2 in enumerate(リストやタプルなど):
    くり返すコードのブロック
```

先ほどの2つの for 構文を合わせた構文があります。**enumerate()** という関数を使った for 構文で、上記のように書きます。==変数1にはくり返す回数としてリストやタプルのインデックス番号を利用し、変数2にはリストやタプルの値を順番に取り出して利用します。==下記のようにコードを変更しましょう。「enumerate()」のカッコ内には、今回はリストを入れます。くり返す回数を変数「i」とし、そのときのリストの値を変数「value」としました。

DATA program5_1.py

```python
for i, value in enumerate(['a','b','c','d']):
    print('for 構文 {0} ループ目の値は {1}'.format(i,value))
```

保存して実行してみると、下記のように、format() 関数で変数「i」と変数「value」のどちらも利用できていることがわかります。

IDLE プログラム実行画面

```
for 構文 0 ループ目の値は a
for 構文 1 ループ目の値は b
for 構文 2 ループ目の値は c
for 構文 3 ループ目の値は d
```

「0〜3」は変数「i」、「a〜d」は変数「value」

■ 複数の変数に同時に値を代入するアンパック代入

上記のプログラムでは、変数「i」と変数「value」のそれぞれに、['a','b','c','d'] のインデックスとその値を同時に順番に代入する動作が行われています。このように==複数の変数に同時に代入することを「アンパック代入」と呼びます。==

ではこの構文で、辞書型を利用してみましょう。リストやタプルと少し違った動作になります。次のように、辞書型の変数「dictionary」を作ったうえで、「enumerate()」のカッコ内に入れるように、コードを変更してみましょう。

DATA program5_1.py
```python
dictionary = {'a':123,'b':234,'c':345,'d':456}
for i, key in enumerate(dictionary):
    print('for 構文 {0} ループ目のキーは {1}'.format(i,key))
```

　保存して実行すると、下記のように、<mark>インデックスとキーを同時に取り出して利用できている</mark>ことがわかります。

IDLE プログラム実行画面
```
for 構文 0 ループ目のキーは a
for 構文 1 ループ目のキーは b
for 構文 2 ループ目のキーは c
for 構文 3 ループ目のキーは d
```
→ キーとして「a～d」が入る

　<mark>インデックスとキーと値の 3 つを同時に利用したい場合</mark>は、下記のようにコードを変更してみましょう。「format()」のカッコ内の 3 つ目で、辞書型の変数「dictionary」の値をキーによって読み込むように指定しています。

DATA program5_1.py
```python
dictionary = {'a':123,'b':234,'c':345,'d':456}
for i, key in enumerate(dictionary):
    print('for 構文 {0} ループ目のキーは {1} 値は {2}'.format(i,key,dictionary[key]))
```

　保存して実行すると、下記のように、取り出したキーをもとに値を取得して表示できていることがわかります。

IDLE プログラム実行画面
```
for 構文 0 ループ目のキーは a 値は 123
for 構文 1 ループ目のキーは b 値は 234
for 構文 2 ループ目のキーは c 値は 345
for 構文 3 ループ目のキーは d 値は 456
```
→ 値として「123～456」が入る

STEP 2　条件分岐の基本——if 構文

「もし、この数字が 0 より大きかったら」などといった条件によってプログラムの動作を変えることを条件分岐と呼びます。条件分岐では **if 構文**を利用します。if 構文の基本的な使い方とポイントをおさえましょう。

■ いろいろな場合によって動作を分ける

■ 日常生活でも条件によって動作は変化する？

　この STEP では条件によってプログラムが分岐する条件分岐について学習します。そもそもこの条件分岐は、何もプログラムだけに限った話ではありません。私たちの生活には、常に条件と分岐が関わっています。たとえば、もし出かける前に天気予報が雨なら傘を持っていくことにするでしょうし、イベントなどの開始時間によって自動車で行くか電車で行くかを変えることもあるでしょう。こうした条件分岐を、これからプログラムでうまく表現していきましょう。

図01 天気という条件による分岐

■ if 構文の書き方

　プログラムでは、このような「もし○○なら、○○する」といった動作の条件分岐を **if 構文**を使って表現します。if 構文は、次のように書くことができます。

図02　if構文の基本形

```
if  条件式 :
    条件式が当てはまった場合に行われる処理
```

　上記のように、if構文も複合文に当てはまります。1行目の「if 条件式:」がヘッダの部分で、2行目の「条件式が当てはまった場合に行われる処理」がブロックの部分です。

　まずはコードを書いて動作を確認してみましょう。ここでは、「0」よりも変数「x」が大きいか小さいかを判断する条件分岐のプログラムを作ります。「0」よりも大きいなら「xは0よりも大きい値です。」と出力し、「0」よりも小さいなら「xは0よりも小さい値です。」と出力するようにしましょう。スクリプトファイル「program5_2.py」を作成して、下記のようにコードを書いてください。

DATA program5_2.py

```
x = 1
if  x > 0 :                              ← 条件式
    print('xは0よりも大きい値です。')     ← 「x > 0」なら実行

if  x > 0 :                              ← 条件式
    print('xは0よりも小さい値です。')     ← 「x < 0」なら実行
```

　ここでは、変数「x」には「1」が代入されています。そのため、2行目の「if x > 0」のヘッダのみが条件に当てはまることになり、ヘッダに対応する3行目のブロックが実行されて「xは0よりも大きい値です。」と表示されるしくみです。保存して実行してみると、下記のように出力されます。

IDLE プログラム実行画面

```
xは0よりも大きい値です。
```

■ さまざまな条件式

　先ほどの条件式「x > 0」では、比較演算子を利用しています。比較演算子で得られる値は、「True」か「False」だったのを覚えていますか？　つまり「if」は、「True」か「False」かを判断しているのです。次のように、さまざまな条件を指定してみましょう。

```
DATA program5_2.py
x = 1
if x > 0:
    print('x は 0 よりも大きい値です。')

if x == 1:
    print('x は 1 です。')

if x != 2:
    print('x は 2 ではありません。')
```

　それぞれの条件文の意味は、次のとおりです。上段の「if x > 0」では、比較演算子（ここでは「>」）で大小の比較を行います。中段の「if x == 1」では、左辺の変数の値が右辺の値と同じかを判断しています。下段の「if x != 2」では、中段とは反対に左辺の変数の値が右辺の値と同じではないかを判断しています。今回は変数「x」に「1」を代入しているため、3つとも条件式は「True」となり、プログラムを実行するとそれぞれの print() 関数で指定された文字列が表示されます。

　なお、プログラムが正常に動くか確認するために、まずは条件式を判断したい場合があります。そのときには、下記のようにインタラクティブモードを利用して確認しましょう。

```
IDLE インタラクティブモード
>>> x = 1
>>> print(x > 0)
True
>>> print(x == 1)
True
>>> print(x != 2)
True
```

　このように、すべての条件式が「True」だと確認できます。プログラム開発時には、こうしてインタラクティブモードで条件式などを実際に書いて確認してから、if 構文で使ってみることを推奨します。比較演算子が反対になっていたりするちょっとした

ミスがよく起こるためです。

■ 条件式を組み合わせる

　条件式は、複数組み合わせることができます。組み合わせには<mark>論理積</mark>と<mark>論理和</mark>があります（P.139 参照）。それぞれの構文は下記のように書きます。上段が論理積の条件式で、下段が論理和の条件式です。

図03 if 構文での条件式の組み合わせ

```
if ( 条件1 and 条件2 ):
    条件1と条件2がどちらもTrueだった場合行われる処理

if ( 条件1 or 条件2 ):
    条件1と条件2のどちらかがTrueだった場合行われる処理
```

　上記のように、<mark>論理積では「and」を、論理和では「or」を使用します。</mark>では実際にこれらを使って条件式を書いてみましょう。下記のようにコードを変更してみましょう。

DATA program5_2.py

```python
x = 1
if ( x != 2 and x <0 ):
    print('論理積でここは実行されません')

if ( x != 2 or x <0 ):
    print('論理和でここは実行されます')

if ( x > 0 and x == 1 ):
    print('論理積でここは実行されます')
```

　保存して実行すると、下記のように「〜でここは実行されます」と表示させるべき部分はしっかりと表示されていることがわかります。

IDLE プログラム実行画面

```
論理和でここは実行されます
論理積でここは実行されます
```

■ 要素が含まれているかによる条件分岐

先ほどは、数値型の大きさの比較による条件分岐でした。次に、<mark>要素の中に指定された値が入っている場合に処理を行う条件分岐</mark>を紹介します。まずは、文字列型での書き方から解説します。<mark>文字列の中に指定の文字列が含まれているかを判断して処理するには、in 機能を利用します。</mark>下記のようにコードを変更してみましょう。

```python
program5_2.py
x = 'rubyPythonphpCJava'
if 'Python' in x:
    print('x には Python という文字列が含まれています。')
if 'kosei' in x:
    print('x には kosei という文字列が含まれています。')
if 'python' in x:
    print('x には python という文字列が含まれています。')
```

保存して実行してみると、下記のように、変数「x」の文字列に含まれている「Python」を指定している上段の if 構文のみ処理されていることがわかります。また、「python」を指定している下段の if 構文が処理されていないことから、<mark>「in」では大文字と小文字を区別して処理している</mark>こともわかります。

```
IDLE プログラム実行画面
x には Python という文字列が含まれています。
```

次にリスト型とタプル型での「in」の使い方です。<mark>これらの型では、値が内部に存在しているかを判断します。</mark>下記のようにコードを変更してみましょう。

```python
program5_2.py
x = ['ruby','Python','php','Java']
y = ('ruby','Python','php','Java')
if 'Python' in x:
    print('x には、Python という文字列が含まれています。')
if 'ruby' in y:
    print('y には、ruby という文字列が含まれています。')
```

保存して実行すると、下記のようにリストには「Python」が、タプルには「ruby」が含まれていると判断され、どちらもしっかりと表示されていることがわかります。

> **IDLE プログラム実行画面**
> x には、Python という文字列が含まれています。
> y には、ruby という文字列が含まれています。

■ for構文との組み合わせ

　STEP 1 で for 構文を取り上げましたが、for 構文と if 構文との組み合わせはプログラムでよく利用されます。たとえば第 4 章で作成した**奇数と偶数のリストも、for 構文と if 構文の組み合わせですぐに作成することができます**。for 構文で「1」から「10」までの数字をくり返して、if 構文で「2」で割り切れるかを判断したあと、リストに入れるプログラムを作ってみましょう。下記のようにコードを変更しましょう。

DATA program5_2.py
```
x = []
for i in range(1,11):        ← 「1」から「10」までの数字をくり返す
    if i % 2 == 0:           ← 「2」で割り切れるかを判断
        x.append(i)
print(x)
```

　保存して実行すると、リスト「x」に偶数のみが入っていることがわかります。ここでのポイントになるのは、**最後の print() 関数は for 構文や if 構文のブロックではないため、インデントをリセットしていること**です。同じ位置だと、何度も print() 関数が実行されてしまうため注意しましょう。

> **IDLE プログラム実行画面**
> [2, 4, 6, 8, 10]

「さもなくば」の基本 ――if-else 構文

STEP 2 で取り上げた if 構文では、「True」であれば処理を実行するプログラムを作りました。ここでは、反対に「True」以外であれば処理を実行するといった意味合いのプログラムの作り方を説明します。

「さもなくば」はいつ使うのか

STEP 2 の if 構文では、偶数を選別してリストに追加するプログラムを最後に作成しました。しかし if 構文だけでは、偶数しか選別できませんでした。2 で割り切れれば偶数にして、さもなくば奇数にする、といった 2 つのケースの処理を実行したい場合もあるでしょう。

図01 「さもなくば」の分岐

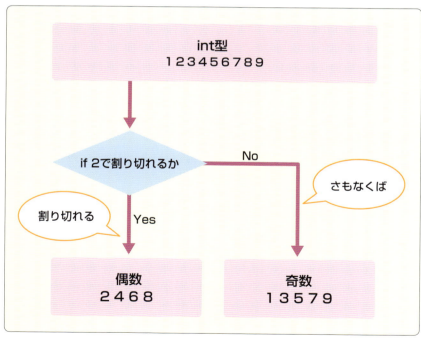

このように、特殊なケースとそれ以外のケースで分けたい場合は、「if」に加えて「else」を併用します。

elseの使い方

では、さっそく「else」を使ってみましょう。説明文だけでは、わかりづらいかと思うので、処理がわかりやすいプログラムを作ってみます。スクリプトファイル「program5_3.py」を作成して、下記のコードを書いてみましょう。

program5_3.py
```python
x = 5
if x > 0:
    print('x は 0 より大きい値です ')
else:
    print('x は 0 以下の値です ')
```
→「さもなくば」の部分

変数「x」が「0」より大きければ上段の「if」のほうが、さもなくば下段の「else」のほうが処理されます。保存して実行してみると、変数「x」は「5」のため、上段の「if」のほうが処理されます。

IDLE プログラム実行画面
```
x は 0 より大きい値です
```

次に、if 構文の条件分岐を変更してみましょう。「0」よりも大きいかではなく、下記のように「10」よりも大きいかを判断するプログラムにします。

program5_3.py
```python
x = 5
if x > 10:
    print('x は 10 より大きい値です ')
else:
    print('x は 10 以下の値です ')
```
→「10」よりも大きいかを判断
→「さもなくば」の部分

保存して実行してみると、今度は下段の「else」のブロックの処理が行われていることがわかります。

IDLE プログラム実行画面
```
x は 10 以下の値です
```

■ elseを利用したif-else構文

ここであらためて、「else」を利用した「if-else 構文」の基本形を確認しましょう。下記のような形で書くことができます。ここでのポイントは、==「else」の行の文末にも「：」を付けている==ところです。「：」がないとエラーになるため注意してください。

図02 if-else 構文の基本形

```
if 条件式 :
    ifの条件式でTrueの場合に処理される
else:
    ifの条件式でFalseの場合に処理される
```

■ for構文との組み合わせ

STEP 2 では、for 構文と if 構文を組み合わせて、「1 〜 10」の数字を偶数に振り分けるプログラムを作りました。このプログラムを、==「else」を使って奇数と偶数に振り分けるプログラムに改良してみましょう。==赤色の部分が、奇数に関するコードです。

DATA program5_3.py

```python
kisu = []
gusu = []
for i in range(1,11):
    if(i % 2 == 0):
        gusu.append(i)
    else:
        kisu.append(i)
print('奇数:{}'.format(kisu))
print('偶数:{}'.format(gusu))
```

- `if(i % 2 == 0):` / `gusu.append(i)` … 偶数かどうかを判断
- `else:` / `kisu.append(i)` … 偶数ではない（奇数）場合

保存して実行すると、下記のように、「1 〜 10」の数字を奇数と偶数に振り分けられます。

IDLE プログラム実行画面

```
奇数:[1, 3, 5, 7, 9]
偶数:[2, 4, 6, 8, 10]
```

■ if-else構文を1文にまとめる

　if-else 構文には、先ほど紹介した書き方のほかに、1 行にまとめる書き方があります。Python 2.5 から利用できるようになった「三項演算子」というものを利用する方法です。==三項演算子とは、被演算子を 3 つ使う演算子==のことです。まずは、構文の書き方を見てみましょう。

図03 三項演算子を使った if-else 構文

> Trueのときの処理　if　条件式　else　Falseのときの処理

　日本語での構文の説明ではわかりづらいため、先ほどのプログラムを三項演算子で表現してみましょう。

DATA program5_3.py

```python
kisu = []
gusu = []
for i in range(1,11):
    gusu.append(i) if i % 2 == 0 else kisu.append(i)
print(' 奇数：{}'.format(kisu))
print(' 偶数：{}'.format(gusu))
```

偶数と奇数の振り分けを 1 行で行う

　保存して実行すると、下記のように先ほどと同じ結果が出力されることがわかります。三項演算子を扱ううえでのポイントは、==この 1 行にブロック文が入り込んでいるため、文末に「:」を入れないこと==です。また、==そのあとの文には、インデントを入れないこと==です。

IDLE プログラム実行画面

```
奇数：[1, 3, 5, 7, 9]
偶数：[2, 4, 6, 8, 10]
```

　なお、今回のような「if」と「else」のあとの処理が 1 行くらいに収まるほど短い場合はよいですが、==奇数偶数に分けたあとにほかの処理が続く場合はコードが見づらくなります。==その場合は、最初のあたりでは三項演算子を利用せずに if-else 構文を利用したほうがよいでしょう。

条件処理を付け加えるelif

　これまでの構文は、奇数か偶数に分けるという2つのケースの処理しかできませんでした。しかし、より多くの条件処理を行うために、「else + if」の意味を持つ「elif」という機能があります。この「if-else-elif 構文」は下記のように書きます。

図04 if-else-elif 構文の基本形

```
if 条件式:
    ifの条件式でTrueの場合に処理される
elif 条件式:
    elifの条件式でTrueの場合に処理される
else:
    ifとelifの条件式でFalseの場合に処理される
```

　if-else-elif 構文では、上段の「if」の部分を判定したあとに、上から順に判定していきます。なお、「elif」は何回も利用することができます。

■ elifの使い方

　それでは、「elif」を使ったプログラムを作成してみましょう。まずは下記のコードに変更してみましょう。for 構文で int 型の変数をくり返しループさせて、負と正と零を振り分けるプログラムです。

DATA program5_3.py

```python
sei = []
fu = []
zero = []
for i in range(-10,10):
    if i > 0:
        sei.append(i)          # 正の値かどうかを判断
    elif i < 0:
        fu.append(i)           # 負の値かどうかを判断
    else:
        zero.append(i)         # 正の値でも負の値でもない（零の値）場合
print('正の値 {}'.format(sei))
```

160

```
print('負の値 {}'.format(fu))
print('零の値 {}'.format(zero))
```

保存して実行すると、下記のように、正と負と零の値がそれぞれ振り分けられることがわかります。

IDLE プログラム実行画面
```
正の値 [1, 2, 3, 4, 5, 6, 7, 8, 9]
負の値 [-10, -9, -8, -7, -6, -5, -4, -3, -2, -1]
零の値 [0]
```

■ 条件判定は上から順番に行われる

では、「if」の条件と「elif」の条件が同じだった場合はどうなるでしょうか。下記のコードに変更して確認してみましょう。

DATA program5_3.py
```
for i in range(1,5):
    if i > 0:
        print('if 文を通りました ')
    elif i > 0:
        print('elif 文を通りました ')
    else:
        print('else 文を通りました ')
```

条件は同じ

保存して実行すると、下記のようにすべて「if」のほうの処理が優先されて行われていることがわかります。「if」と「elif」は同じ条件ですが、条件判定は上から順に行われるからです。文法としては間違っておらず、エラーも出ないため、注意してください。

IDLE プログラム実行画面
```
if 文を通りました
if 文を通りました
if 文を通りました
if 文を通りました
```

STEP 4 反復の基本——while 構文

for 構文では、くり返す回数を指定したり、リストやタプルの値があるまでくり返しました。ここで紹介するループ処理の構文は **while 構文**と呼ばれ、条件が外れるまでずっとくり返すものです。for 構文との違いを意識して確認しましょう。

条件が外れるまでくり返し続けるwhile構文

　毎朝起きるときに欠かせない、時計のアラーム機能のことを思い出してみてください。アラームが鳴り出すと、スマホの場合は画面をタップしたり、目覚まし時計の場合はボタンを押したりして、アラームを止めますね。しかし、もしアラームを止めなければ、基本的にはずっと鳴り続けます。このように、ある条件が外れるまでずっとくり返し続ける処理は、プログラムでもしばしば使われます。このようなループ処理は、**while 構文**を使って実現することができます。

図01 止めるまでくり返し鳴り続けるアラーム

while構文の使い方

それでは、さっそくwhile構文を利用してみましょう。スクリプトファイル「program5_4.py」を新しく作成して、下記のコードを書いてみましょう。変数「x」が「5」よりも小さい場合、「while」の中のブロックの処理がくり返されるようになっています。

program5_4.py
```python
x = 0
while x < 5:
    print(x)
    x += 1
```
「x < 5」の場合、この部分がくり返される

保存して実行してみると、下記のように、変数「x」が「5」になるまでくり返しが続いていることがわかります。4行目のブロックによって、「while」の条件式で利用されている変数「x」が「1」ずつ足され続けていることもポイントです。なお、ここで注意すべきなのは、「while」の条件文で「x > 5」のように比較演算子が反対になっていると、print()関数が実行されないことです。

IDLE プログラム実行画面
```
0
1
2
3
4
```

while構文の基本形を確認しましょう。下記のような形で書くことができます。

図02 while構文の基本形

```
while 条件式 :
    条件文が当てはまっている限りくり返す処理
```

大事なポイントは、条件文が当てはまっている限りくり返すため、条件から外れるしくみを作っておくことです。たとえば先ほどのプログラムでは「x += 1」を入れることで、ずっと続く「永久ループ」を回避しているのです。

■ 永久ループに入ったときに抜け出す方法

　while 構文を書いていると、間違って永久ループに入ってしまうことが多々あります。そのようなときには、プログラムを強制終了させましょう。

　まず、先ほどのプログラムでループを回避している「x += 1」の行をコメントにする（コメントアウト）か、消したあとに、もう一度実行してみましょう。永久ループに入り、ずっと「0」が表示され続けてしまいます。この状態で、IDLE のプログラム実行画面で「Ctrl」+「c」を押すと、プログラムを強制的に止めることができます。ショートカットキーを使わない場合は、下図のように「Shell」→「Interrupt Execution」（割り込み例外処理）の順にクリックすると、同じようにプログラムを止めることができます。

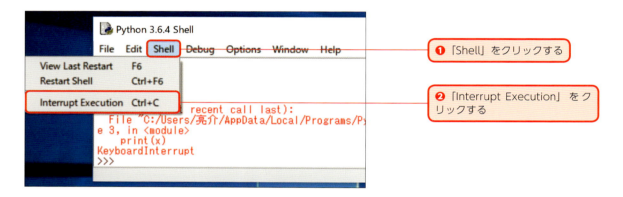

❶「Shell」をクリックする

❷「Interrupt Execution」をクリックする

　プログラムを強制終了すると、下図のようにプログラムのどの部分を止めたのかが表示されます。今回であれば、「print(x)」の部分で永久ループに入っていたため、そこを強制終了したことが表示されます。

強制終了した部分（ここでは「print(x)」）が表示される

■ 途中でループを抜けるbreak文

　ループ処理の中には、いろいろな特徴を持っている文があります。まずは「break 文」から紹介します。break 文を使うと、それ以降のループ処理が中断され、ループを抜けることができます。break 文が入るのは、下記のようにブロックの位置です。

図03 break 文の基本形

```
while 条件式 :
    条件文が当てはまっている限りくり返す処理
    break
```

　では、実際に break 文を利用してループを止めてみましょう。下記のようにコードを変更してください。

DATA program5_4.py

```
x = 1
while x < 5:
    print(x)
    x += 1
    if (x == 3):
        break
```

変数「x」が「3」のときにbreak文が実行される

　while 構文のみ（4 行目まで）の場合は、変数「x」が「4」になるまでループが実行されますが、break 文（5〜6 行目）が加わるとどうでしょうか。保存して実行すると、変数「x」が「2」になるまでしか実行されていません。「if (x == 3)」により変数「x」が「3」のときに break 文が実行されて、ループを抜けたのです。

IDLE プログラム実行画面

```
1
2
```

　break 文はこのような使い方ができるため、たとえば、ループ処理の内部で例外的なエラーが起こることが想定されており、もしもの場合にループを抜けてプログラムを続行したいときなどに利用するとよいでしょう。

■ 以降の処理をせずにループの先頭に戻るcontinue文

break 文は、ループを抜ける動作を実現するものでした。しかしここで紹介する「continue 文」は、ループを抜けずにループの先頭に戻って、ループ処理を続けるためのものです。continue 文も下記のようにブロックの部分で利用します。

図04 continue 文の基本形

```
while 条件式:
    条件文が当てはまっている限りくり返す処理
    continue
```

下記のようにコードを変更して動作を確認しましょう。

program5_4.py

```python
x = 0
while x < 5:
    x += 1
    if (x == 3):
        continue
    print(x)
```

変数「x」が「3」のときにcontinue文が実行される

先ほどの break 文を使ったプログラムでは、途中でループを抜けてしまったため、変数「x」が「4」や「5」にはなりませんでしたが、こちらのプログラムはどうでしょうか。保存して実行すると、下記のように、「3」以外の値で処理が行われていることがわかります。「if (x == 3)」により変数「x」が「3」のときに continue 文が実行されてループの先頭に戻り、print() 関数がスキップされたのです。

IDLE プログラム実行画面

```
1
2
4
5
```

continue 文は、たとえば、特定の値のときは処理しないが、それ以外のときは処理をしたいループがある場合などに活用できます。

■ while文の終了時に実行されるelse文

　while 文には、「else 文」も利用することができます。この else 文は、下記のように **while 文と同じインデント**で利用します。**while 文のループが終了したときに、else 文が実行される構造です。**下記のようにコードを変更してみましょう。

図05 while-else 文の基本形

```
while  条件式 :
    条件式が当てはまっている限りくり返す処理
else:
    条件式が当てはまらなかった場合に実行される処理
```

DATA program5_4.py

```python
x = 0
while x < 5:
    print(x)
    x += 1
else:
    print('while文終了')
    print(x)
```

while文のループが終了すると実行される

　保存して実行すると、「while」の条件式が当てはまらなかった場合に、「else」の部分が実行されていることがわかります。このように **else 文を利用することで、while 文を抜けたときの値を知ることができます。**

IDLE プログラム実行画面

```
0
1
2
3
4
while文終了
5
```

ここでwhile文のループが終了している

167

STEP 5 関数とは

これまでにも使ってきたように、プログラムでは、複数のコードをひとまとまりにした**関数**を使用することができます。Pythonに標準で組み込まれている関数を使うこともできますし、自分で関数を作成することもできます。

複数の処理をひとまとまりにした関数

　皆さんの日常生活の中で、「出かける準備をする」ということは、どのようなものを指しますか？　歯を磨いたり、お化粧したり、服を着替えたりと、そこにはさまざまな動作がありますね。それらをひとまとまりにしたものが、「出かける準備をする」ということの意味になっているのです。

　プログラムでも、このような複数の動作や処理をひとまとまりにして扱うことがあります。この複数の動作や処理をひとまとまりにしたものこそが**関数**で、プログラムのさまざまな場面でよく使われます。

図01 1つにまとめた出かけるための準備

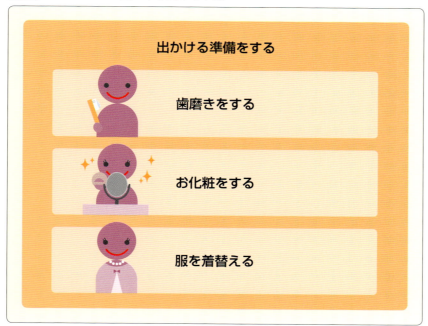

■ Pythonに標準で組み込まれている関数の例

　Python に標準で搭載されている関数の中でいちばんわかりやすいものは、print() 関数ではないでしょうか。「機能」という言葉で定義される場合もありますが、「関数」のほうがより適切な名称です。print() 関数は、「文字列を表示する」処理をまとめた関数です。先ほどの「出かける準備をする」例よりも処理の中身は簡単ですが、これまでにもいろいろなところで利用されてきた重要な関数です。

　そのほか、「list()」や「tuple()」なども代表的な関数です。list() 関数はカッコ内の値をリスト型として生成して、tuple() 関数はカッコ内の値をタプル型として生成します。for 構文などで利用した「enumerate()」や「range()」も関数です。

　このように、Python に標準で組み込まれている関数は数多くあります。

関数を作る

■ オリジナルの関数の作り方

　Python に標準で組み込まれている関数を使うことができるほか、自分で関数を作成することもできます。ここでは、オリジナルの関数を作ってみましょう。関数を作ることを「関数を定義する」といいます。関数の定義には、「def」を使用した下記の構文が必要です。なお、「def」は「定義する」を意味する「define」を略したものです。プログラムのさまざまな場面でよく使われます。

```
def 関数名():
    関数内の処理
```

図02 関数を定義する構文

　関数を定義したあとで関数を実行するには、下記のように関数名とカッコ () を書きます。なお、プログラムは上から順番に処理するため、関数を定義する前に実行しようとするとエラーになることに注意してください。

```
def 関数名():
    関数内の処理

関数名()
```

図03 関数の実行

■「Hello!」と表示する関数を作る

　関数の作り方がわかったところで、簡単な関数の例として、「Hello!」と表示するhello() 関数を作成してみましょう。print() 関数は、「print()」のカッコの内部に入れた文字列を表示しますが、ここで作成するhello() 関数は、「hello()」と書くだけで「hello!」と表示してくれるものです。スクリプトファイル「program5_5.py」を新しく作成して、下記のコードを記述してみましょう。

DATA program5_5.py

```
def hello():          ┐
    print('Hello!')   ┘ hello()関数を定義


hello()                 hello()関数を実行
```

　保存して実行してみると、hello() 関数の中の「print('Hello!')」が実行され、下記のように表示されることが確認できます。

IDLE プログラム実行画面
```
Hello!
```

■ 関数の名前について

　関数を定義したあとは、同じ名前の変数を作ってしまうとわかりづらくなるため、異なる名前で定義しましょう。
　なお PEP 8 では、関数の名前は小文字にすべきと書かれています。また、必要に応じて単語をアンダースコア（_）で区切るべきとも書かれています。PEP 8 を踏まえて hello() 関数の名称を考えると、hello を出力するため「output_hello()」などが挙げられます。関数の名前の付け方に正解はありませんが、先ほどのポイントはおさえて定義しましょう。

関数の利用時に値を受け取る

■ 関数の利用時に値を受け取れる引数

　print() 関数は、カッコの中に文字を入れてその文字を出力します。このように関数に渡して関数の中で利用する値を「引数」（ひきすう）と呼びます。引数の使い方を練

170

習してみましょう。先ほどのプログラムを下記のように変更してみましょう。

DATA program5_5.py
```python
def hello(name):
    print('Hello!' + name)

hello('kosei')
```

「name」が引数
「Hello!」のあとに「name」をつなげる

　この例では「name」が引数です。関数の中で「name」を「Hello!」のあとにつなげるプログラムとなっています。なお、「name」は文字列を想定して作成しています。保存して実行してみると、下記のように「kosei」が「Hello!」のあとにつながって表示されます。

IDLE プログラム実行画面
```
Hello!kosei
```

■ 複数の引数を指定する

　「name」以外に、int 型を想定した「age」を引数として、プログラムを作ってみましょう。下記のようにプログラムを変更してみましょう。

DATA program5_5.py
```python
def hello(name,age):
    print('Hello!' + name)
    print(' 年齢は、{}才ですね。'.format(age))

hello('kosei',30)
```

「,」で引数を追加
{}に「age」が入る

　保存して実行してみると、下記のように出力されます。int 型を想定している「age」では、「30」を文字列にしてから出力することができました。このように、引数を関数の定義時に複数作ることが可能なのです。

IDLE プログラム実行画面
```
Hello!kosei
年齢は、30才ですね。
```

なお、このように複数の引数を利用する場合、順番に注意しましょう。<mark>左から順に関数に渡すため、先ほどのプログラムで「kosei」と「30」を逆にした場合、下記のように型の使い方に関してエラーが出てしまう</mark>ことに注意しましょう。

IDLE プログラム実行画面
```
Traceback (most recent call last):
  File "C:¥Users¥ ～ ¥program5_5_1.py", line 5, in <module>
    hello(30,'kosei')
  File "C:¥Users¥ ～ ¥program5_5_1.py", line 2, in hello
    print('Hello!' + name)
TypeError: must be str, not int
```

上記のエラーを回避するには、<mark>関数を利用するときに引数の名前を指定して値を渡します。</mark>これで順番を気にせずに利用できます。

DATA program5_5.py
```python
def hello(name,age):
    print('Hello!' + name)
    print('年齢は、{}才ですね。'.format(age))

hello(age = 30, name = 'kosei')   ←「=」で引数の名前を指定
```

■ 引数にデフォルトの値を指定する

引数にはデフォルトの値を指定することもできます。<mark>利用時に引数の指定がなければ、指定されたデフォルト値が使われます。</mark>下記のようにコードを変更しましょう。

DATA program5_5.py
```python
def hello(name = 'world',age = 99):
    print('Hello!' + name)
    print('年齢は、{}才ですね。'.format(age))

hello()                              ←「age」と「name」の指定なし
hello(age = 30)                      ←「name」の指定なし
hello(age = 30, name = 'kosei')
```

保存して実行すると、引数の指定がない部分にデフォルト値が利用されていることがわかります。

```
IDLE プログラム実行画面
Hello!world
年齢は、99才ですね。
Hello!world
年齢は、30才ですね。
Hello!kosei
年齢は、30才ですね。
```

関数の戻り値を設定する

P.170 で作成した hello() 関数は、実行すると文字列を表示するだけのものでした。しかし関数には、list() 関数のようにリスト型などの値を生成する関数もあります。この生成されて返ってくる値を「戻り値」（もどりち）と呼びます。戻り値の指定は「return文」を入れることで可能です。戻り値を指定した構文は、下記のようになります。

図04 戻り値の関数構文

```
def 関数名():
    関数の内部処理
    return 値
```

関数を利用すると値が返ってきます。この関数を利用するときには、値を受け取る変数を用意しておかなければいけません。関数の実行方法も含めた構文は、下記のとおりです。

図05 戻り値の関数構文と実行

```
def 関数名():
    関数の内部処理
    return 値

値を入れる変数 = 関数名()
```

■ 戻り値を使った関数を利用する

それでは、戻り値を使った関数を作成して利用してみましょう。スクリプトファイル「program5_5_2.py」を作成し、下記のように記述してください。2つの値を引数として入力したときに、2つの値を掛け算した値を戻り値として返すプログラムです。

DATA program5_5_2.py
```python
def mult(input1,input2):
    return input1 * input2      ←「input1 * input2」が戻り値


a = mult(2,5)        ┐
print(a)             ┘  戻り値が変数「a」に入って出力される
```

保存して実行すると、「2」と「5」という2つの引数を掛け算した値「10」が、戻り値として変数「a」の中に入って出力されることがわかります。

IDLE プログラム実行画面
```
10
```

■ returnがない関数を変数に入れた場合

「return」がない状態で、変数に関数の戻り値を入れると、どうなるでしょうか。下記のようにコードを変更しましょう。なお、2行目の「pass」は、何も処理しない場合に書くもので、関数の定義だけして中身をあとで書く場合によく使います。

DATA program5_5_2.py
```python
def func_pass():
    pass          ←「return」ではなく「pass」を指定


a = func_pass()
print(a)
```

保存して実行すると、何も値がないことを意味する「None」が出力されます。

IDLE プログラム実行画面
```
None
```

STEP 6 関数を実践的に定義して使ってみよう

STEP 5 では、関数の利用方法を作成しながら学習しました。ここでは実践として、関数を定義しながら、将棋の盤面のように縦と横がある表のような値の配列を作ります。これまでに学んだことを復習しながら作成しましょう。

どのようなプログラムを作るのか

ここでは、これまでに学んだ構文やオリジナルの関数を使って、下図のような縦と横のある表の値を作りましょう。将棋の盤面によく似ていますね。値が行（縦軸）と列（横軸）の 2 次元に並んでいるため、このような配列を「2 次元配列」と呼びます。行と列の片方だけなら 1 次元配列です。2 次元配列は、行と列の番号がわかると中の値がわかります。たとえば下図の場合、行が「3」で列が「2」なら、値は「5」です。

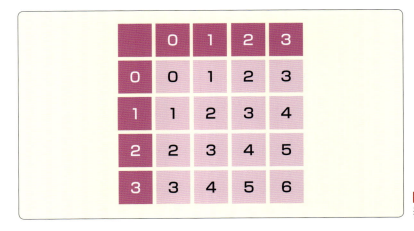

図 01
表のように縦横が並ぶ 2 次元配列

それではまず、プログラムをどのような順序で作っていくのかを確認しておきましょう。

- リストを使った 1 次元配列を作成する
- 2 次元配列の構造を考える
- 2 次元配列を for 構文を使って作成する
- 2 次元配列を関数化する

上記の順番で、一つ一つ考えながらプログラムを作成します。

プログラムを作成する

■ リストを使った1次元配列を作成する

1次元配列をまず作ります。1次元配列は、リスト型そのものです。そのため、リスト型を生成するだけで1次元配列が完成します。このときのポイントは、==リストのインデックス番号を指定すると、その番号の1つの値が取り出せる==ことです。

まずはスクリプトファイル「program5_6.py」を新しく作成し、下記のようにコードを入力しましょう。ここでは、==for構文と「append()」を使って、10の値をリストに入れます。==

DATA program5_6.py

```
x = []
for i in range(10):          ── 10回くり返す
    x.append(i)              ── 変数「i」を変数「x」に追加
print(x)
```

保存して実行すると、下記のように==「0〜9」の値が変数「x」のリストの中に入っている==ことが確認できます。これで1次元配列が作成できました。

IDLE プログラム実行画面

```
[0, 1, 2, 3, 4, 5, 6, 7, 8, 9]
```

■ 2次元配列の構造を考える

1次元配列が作成できたところで、2次元配列の構造を考えてみましょう。1次元配列では、インデックス番号を指定すると1つの値が返ってきましたが、==2次元配列では1つのインデックス番号を指定しただけでは、そのように1つの値だけが返ってくることはありません。==2次元配列では、行と列それぞれに、複数の値が入ったリストが配置されている構造だからです。そのため、下記のように、2次元配列で1つのインデックス番号を指定すると、1つのリストが丸ごと取り出されるはずです。

```
>>> print(x[1])
[0, 1, 2, 3, 4, 5, 6, 7, 8, 9]
```

図02
2次元配列での出力予想

■ 2次元配列をfor構文を使って作成する

2次元配列での出力予想をもとに、2次元配列を作成します。先ほどの1次元配列のプログラムに、==さらにfor構文を追加して、10の値が入った変数「y」のリストを作り、変数「x」のリストに追加しましょう。==

DATA program5_6.py
```python
x = []
for i in range(10):
    y = []
    for j in range(10):          # 10回くり返す
        y.append(j)              # 変数「j」を変数「y」に追加
    x.append(y)                  # 変数「y」を変数「x」に追加
print(x)
```

保存して実行すると、下記のように==リストが入れ子構造になっている==ことがわかります。とても見づらい状態ですね。

IDLE プログラム実行画面
```
[[0, 1, 2, 3, 4, 5, 6, 7, 8, 9], [0, 1, 2, 3, 4, 5, 6, 7, 8, 9], [0, 1, 2, 3, 4, 5, 6, 7, 8, 9], (後略)
```

見やすくするために、下記のように==for構文を使って、print()関数の出力を別々にくり返すようにしましょう。==

DATA program5_6.py
```python
x = []
for i in range(10):
    y = []
    for j in range(10):
        y.append(j)
    x.append(y)
for i in range(10):              # 変数「x」の出力を各行で行う
    print(x[i])
```

保存して実行してみると、「print(x[i])」により各行の値が別々に出力され、きれいに見えるようになりました。

IDLE プログラム実行画面

```
[0, 1, 2, 3, 4, 5, 6, 7, 8, 9]
[0, 1, 2, 3, 4, 5, 6, 7, 8, 9]
[0, 1, 2, 3, 4, 5, 6, 7, 8, 9]
[0, 1, 2, 3, 4, 5, 6, 7, 8, 9]
(後略)
```

これで2次元配列が完成しました。==値を取り出すには、「x[1][1]」のように、行と列のインデックス番号を指定します。==なお、「0〜9」の値だらけだとわかりづらいため、for構文のブロックを下記のように変更し、値が足されていくようにしましょう。

DATA program5_6.py

```
(前略)
    y = []
    for j in range(10):
        y.append(i+j)
    x.append(y)
(後略)
```

変数「i」に変数「j」を足していくことで値をずらす

IDLE プログラム実行画面

```
[0, 1, 2, 3, 4, 5, 6, 7, 8, 9]
[1, 2, 3, 4, 5, 6, 7, 8, 9, 10]
[2, 3, 4, 5, 6, 7, 8, 9, 10, 11]
[3, 4, 5, 6, 7, 8, 9, 10, 11, 12]
[4, 5, 6, 7, 8, 9, 10, 11, 12, 13]
[5, 6, 7, 8, 9, 10, 11, 12, 13, 14]
[6, 7, 8, 9, 10, 11, 12, 13, 14, 15]
[7, 8, 9, 10, 11, 12, 13, 14, 15, 16]
[8, 9, 10, 11, 12, 13, 14, 15, 16, 17]
[9, 10, 11, 12, 13, 14, 15, 16, 17, 18]
```

■ 2次元配列を関数化する

　for 構文を使った 2 次元配列が作成できました。今度は、関数を使って 2 次元配列を作成します。先ほどは、行と列がどちらも「10」の 2 次元配列でしたが、**今回は行と列の個数を引数で「4」と指定しましょう。**値を指定しない場合のデフォルト値は「2」とします。

DATA program5_6.py

```python
def two_dimension_array(line = 2, col = 2):    # 行（line）と列（col）のデフォルト値を「2」と指定
    x = []
    for i in range(line):                       # for構文で行と列を作成
        y = []
        for j in range(col):
            y.append(i+j)
        x.append(y)
    for i in range(line):
        print(x[i])
    return x
arrays = two_dimension_array(4,4)               # 行と列を「4」と指定
print(arrays[1][2])                             # 行と列のインデックス番号を指定
```

　保存して実行しましょう。**変数「arrays」に行と列を「4」と指定しているため、下記のように「4×4」の値を取り出すことができました。**また、**最後の print() 関数で行と列のインデックス番号を指定したため、該当する「3」が出力されています。**

IDLE プログラム実行画面

```
[0, 1, 2, 3]
[1, 2, 3, 4]
[2, 3, 4, 5]
[3, 4, 5, 6]
3
```

引数の機能を確認するため、下記のようにコードを変更してみましょう。

DATA program5_6.py

```python
def two_dimension_array(line = 2, col = 2):
    x = []
    for i in range(line):
        y = []
        for j in range(col):
            y.append(i+j)
        x.append(y)
    for i in range(line):
        print(x[i])
    return x
arrays = two_dimension_array(4)
print(arrays[1][1])
```

行のみ「4」と指定し、列は指定なし

保存して実行すると、==変数「arrays」で指定している行は「4」になっていますが、指定のない列はデフォルト値の「2」になっている==ことがわかります。

なお、ここでは print() 関数のインデックス番号の指定が「1」になっています。==デフォルト値として「2」を入れると、値のインデックス番号が「1」までとなるため==です。「arrays[2][2]」などとすると配列の範囲外の指定でエラーになってしまうため、注意してください。

IDLE プログラム実行画面

```
[0, 1]
[1, 2]
[2, 3]
[3, 4]
2
```

このように、構文やオリジナル関数を作ってプログラムを作成していきます。最後の引数やデフォルト値の設定など、プログラム作成者がカスタマイズする部分が豊富にあることが関数を作る楽しみでもあるため、ぜひいろいろと試してみてください。

第6章

ライブラリとモジュール

これまでにさまざまな関数を使ってきましたが、こうした関数をまとめたものとして、「ライブラリ」や「モジュール」などがあります。ライブラリやモジュールの使い方を覚え、関数をより自由に扱えるようにしましょう。

STEP 1 ライブラリとモジュール

ダウンロードした Python には、さまざまな便利な関数が同梱されています。こうした関数は、**ライブラリ**や**モジュール**としてまとめられています。どのような区分けがされているのかを確認しましょう。

ライブラリとは

　第5章では、関数を作るために「def 関数名」を使用しました。しかし、これまでに作成したプログラムでしばしば登場した print() 関数は、一度も作ることなく利用できました。P.169 でも少し解説しましたが、print() 関数などの初めから利用できる関数は、Python に標準で搭載されているものだからです。では、こうした関数は具体的にはどこに組み込まれているのでしょうか？

　実は、Python をダウンロードしたときに、すでにプログラムされた関数「組み込み関数」がいっしょにダウンロードされるのです。その中に print() 関数などがあるため、新しく作成することなく利用できます。

　組み込み関数などのプログラムは、下図のように、「Python」フォルダ内にある「Lib」フォルダの中にあります。なお、Python といっしょにダウンロードされていても、最初から組み込まれていないプログラムもあります。

図01　「Lib」フォルダ内のプログラム

名前	更新日時	種類	サイズ
_bootlocale	2017/06/17 19:57	Python File	2 KB
_collections_abc	2018/03/14 2:07	Python File	27 KB
_compat_pickle	2017/06/17 19:57	Python File	9 KB
_compression	2017/06/17 19:57	Python File	6 KB
_dummy_thread	2017/06/17 19:57	Python File	6 KB
_markupbase	2017/06/17 19:57	Python File	15 KB
_osx_support	2017/06/17 19:57	Python File	20 KB
_pydecimal	2017/06/17 19:57	Python File	232 KB
_pyio	2017/06/17 19:57	Python File	89 KB
_sitebuiltins	2017/06/17 19:57	Python File	4 KB

■ ほかのプログラムから利用されるプログラム「ライブラリ」

　組み込み関数のような、ほかのプログラムから利用されるプログラムをライブラリと呼びます。Pythonをダウンロードしたときに付属しているプログラムは、標準ライブラリと呼びます。また、標準ライブラリのほかに、Pythonで開発しているエンジニアたちが自分で作成した便利な関数をまとめた外部ライブラリがあります。配信されている外部ライブラリをダウンロードして取り込めば、自由に利用することができます。

図02　Pythonの標準ライブラリと外部ライブラリ

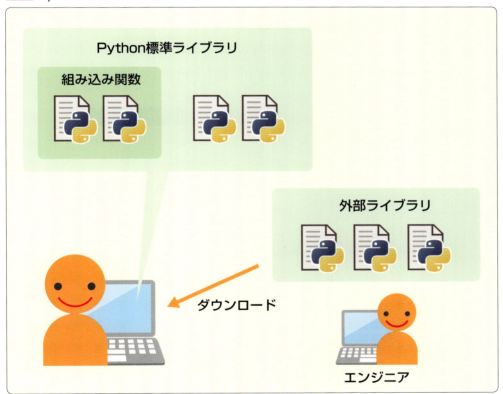

モジュールとは

　ライブラリとあわせて覚えておきたいものにモジュールがあります。モジュールとは、読み込む個々のプログラムそのものを指します。ライブラリと同等の意味になる場合もありますが、ライブラリはこのあとで解説するパッケージや関数も含め、読み込んだプログラムの総称であるところが異なります。

■ 読み込み時に利用する「モジュール名」

　モジュールの中には、いくつかの関数がまとまって入っています。ファイルの名前から拡張子「.py」をなくしたものがモジュール名です。たとえば、「parser.py」というファイル名のモジュールであれば、モジュール名は「parser」です。モジュール名は、どのモジュールを読み込むかを指定するときに利用するため、覚えておいてください。

■ モジュールをまとめた「パッケージ」

　モジュールの中にはいくつかの関数がまとめて入っていますが、さらにモジュールを複数まとめたものがあり、これをパッケージと呼びます。モジュールの中の関数を開発していくと中身がどんどん増えてしまい、1つのプログラムの量が多すぎて読みづらくなってしまいます。そのため、モジュールを複数に分けて1つのパッケージとするのです。

　パッケージは、フォルダの構造となっており、P.182で取り上げた「Lib」フォルダの中にあるいくつかのフォルダがパッケージとなっています。例として、「Lib」フォルダで「html」フォルダを開いてみましょう。

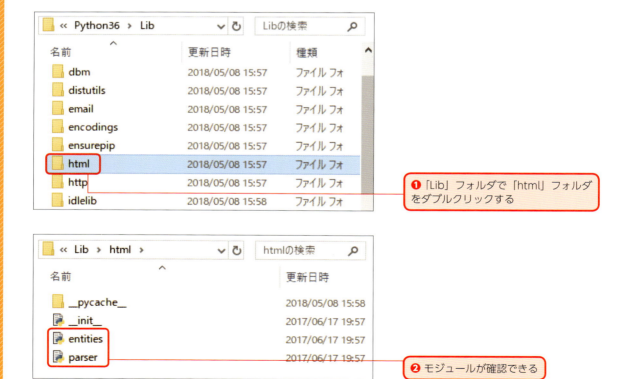

❶ 「Lib」フォルダで「html」フォルダをダブルクリックする

❷ モジュールが確認できる

このように「Lib」フォルダの中の「html」フォルダを開いてみると、いくつかのモジュールが確認できます。なお、モジュールとあわせて「__init__.py」というファイルが入っています。この「__init__.py」があると、そのフォルダをパッケージとして扱うことができるのです。

■ ライブラリ・パッケージ・モジュール・関数の関係

　ライブラリ・パッケージ・モジュールのそれぞれの関係を全体的にまとめると、下図のようになります。

図03 ライブラリ・パッケージ・モジュール・関数の関係

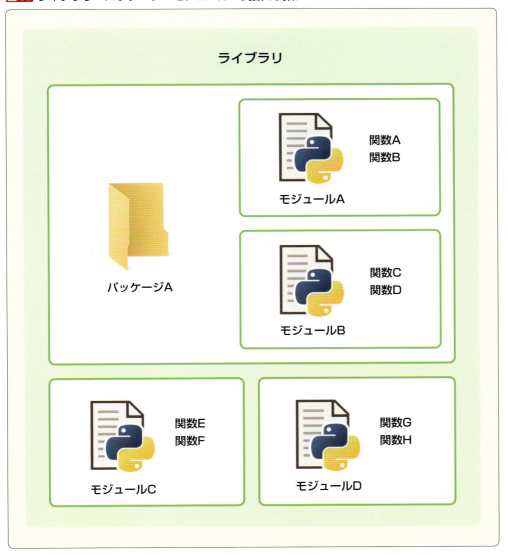

標準ライブラリのモジュールの使い方

STEP 1ではライブラリとモジュールについて取り上げ、そのままでは使えない関数があることを解説しました。ここでは、そのままでは使えない関数を利用するため、Pythonの標準ライブラリのモジュールを読み込む方法を確認しましょう。

モジュールを読み込んで関数を利用する

print()関数などを「組み込み関数」と呼びましたが、P.182で少し触れたように、実は標準ライブラリの中には、組み込み関数以外の関数も入っています。しかし、こうした関数は、組み込み関数のようにそのままでは利用することができません。利用する前に、その関数のモジュール／ライブラリを読み込むことが必要なのです。モジュールを読み込むには、下記のコードを入力する必要があります。

```
import モジュール／ライブラリ名
```

図01 モジュール／ライブラリを読み込むためのコード

読み込みが成功した場合は何も表示などされません。読み込み後は、下記のようにモジュール名のあとにドット（.）付きの関数名を続けることで、関数を利用できます。

```
モジュール名.関数()
```

図02 モジュールを読み込んだ関数の利用コード

それでは、モジュールの読み込みが必要な関数のうち、乱数（ランダムな数）を使える random() 関数（モジュール名は「random」）を、例として利用してみましょう。IDLEのインタラクティブモードで、まずは、モジュールを読み込んでいない状態でどのような結果になるか試してみます。下記のように、モジュールを読み込む 図01 の「import」のコードは入力せず、図02 のコードだけ入力してみましょう。変数「num」変数に「0 < 1」のランダムな値を入れるという内容のコードです。

IDLE インタラクティブモード

```
>>> num = random.random()
```

関数の()では引数を指定するが、引数がない場合も形式上省略しない

すると下記のようにエラーが発生してしまいます。randomモジュールを読み込んでいないため、利用できないのです。

```
IDLE インタラクティブモード
Traceback (most recent call last):
  File "<pyshell#0>", line 1, in <module>
    num = random.random()
NameError: name 'random' is not defined
```

では、下記のように入力してモジュールを読み込んでみましょう。1行目でモジュール名を指定して読み込み、2行目でrandom()関数を利用しています。

```
IDLE インタラクティブモード
>>> import random
>>> num = random.random()
>>> print(num)
0.0738103261132752          ────── 乱数が出力される
```

上記のように、無事random()関数が利用できますね。

なお、一度IDLEを終了すると利用できなくなるため、その場合はまた「import」でモジュールを読み込む必要があります。

■ 読み込んだモジュールの関数をdir()関数で確認する

今回は、標準ライブラリの基本的なモジュールと関数を利用しましたが、新しく読み込んだモジュールの中で、どのような関数が用意されているのかを知っていなければ利用できません。プログラムの内容を見ればわかることではありますが、それよりもずっと簡単に確認する方法があります。IDLEのインタラクティブモードで確認する方法です。

読み込んだモジュールの中にどのような関数があるのかを調べるものとしてdir()関数があります。下記のように書くと、そのモジュールの中の関数が表示されます。

```
import  モジュール名
dir(  モジュール名  )
```

図03
dir()関数の利用コード

では、インタラクティブモードで実際にdir()関数を利用してみましょう。下記のように関数の一覧が表示されれば成功です。

> IDLE インタラクティブモード
> ```
> >>> import random ⏎
> >>> dir(random) ⏎
> ['BPF', 'LOG4', 'NV_MAGICCONST', 'RECIP_BPF', 'Random', 'SG_
> MAGICCONST', 'SystemRandom', 'TWOPI', '_BuiltinMethodType',
> '_MethodType', '_Sequence', '_Set', '__all__', '__
> builtins__', '__cached__', '__doc__', '__file__', '__
> loader__', '__name__', '__package__', '__spec__',（後略）
> ```

すでに「import」で読み込んでいる場合は省略可

■ モジュールの関数の仕様をhelp()関数で確認する

非常に多くの関数がrandomモジュールの中にあることがわかりました。しかし、関数には引数などがあり、それぞれどのような仕様になっているかまではわかりません。そこで、**関数の仕様などを見ることができるhelp()関数を利用しましょう。下記のように、「help()」のカッコ内に調べたいモジュール名（ここでは「random」）を入力します。**

> IDLE インタラクティブモード
> ```
> >>> help(random) ⏎
> Help on module random:
> （中略）
> randint(self, a, b)
>         Return random integer in range [a, b], including
> both end points.
> ```

各関数の利用方法が一覧表示されます。とても長いため、Ctrl+Fキーを押し、調べたい関数名（ここでは「randint」）を検索しましょう。上記の説明文から、**randint()関数は、「a」から「b」の指定した範囲のint型を乱数で取得できる**とわかります。なお、「self」はのちの章で詳しく解説しますが、関数自身のことを指すため、引数は「a」と「b」のみと判断して問題ありません。このように仕様を確認すれば、次のようにrandomモジュールのrandint()関数を利用できるでしょう。

188

```
IDLE インタラクティブモード
>>> num_int = random.randint(2,10)
>>> print(num_int)
7
```
「2〜10」の範囲からint型の乱数が取得される

■ モジュール名を別名で利用する

randomモジュールの中にあるrandom()関数は、モジュール名と関数名が重複しており、少しわかりづらいときがあります。また、自作の関数名や変数名などと読み込んだモジュール名が似てしまうこともあるかもしれません。そのようなときは、==モジュール名を別名として利用できる「as」を使うと便利です。==下記のような書き方をすれば、別名でモジュールを利用できます。

```
import モジュール名 as 別名
```

図04 モジュールを別名で利用するコード

例として、randomモジュールを「rand」という別名にして利用してみましょう。先ほど、randomモジュールを「random」として読み込んでいるため、==一度IDLEを閉じてから下記を実行してください。==

```
IDLE インタラクティブモード
>>> import random as rand
>>> num = rand.random()          ——「rand」で実行
>>> print(num)
0.037722524419688375
>>> num = random.random()        ——「random」で実行
Traceback (most recent call last):
  File "<pyshell#3>", line 1, in <module>
    num = random.random()
NameError: name 'random' is not defined
```

上記のように、「rand」で利用できることがわかりました。なお、==別名で利用しているため、もとの「random」では利用できずエラーになってしまいます。==別名での利用は、何度も行うと逆にわかりづらくなるため、できれば開発中の関数名や変数名を変更するようにしましょう。

STEP 3 tkinter の使い方

Pythonでは、視覚的なUI「GUI」を作成することができます。そのために使用する標準ライブラリのモジュールが **tkinter** です。ここでは、パーツを配置してレイアウトを決める基本的な方法を紹介します。

tkinterモジュールでGUIを構築する

P.040で、視覚的なUI「GUI」について紹介しました。こうしたGUIも、Pythonで簡単に作ることができます。このときに利用するのが、Pythonの<mark>標準ライブラリのモジュールである **tkinter**</mark> です。あとの章で利用することになるため、ここで簡単な使い方を解説しておきます。

では、<mark>tkinter モジュールを「import」で読み込んでウィンドウを作成してみましょう。ウィンドウの作成には「tkinter.Tk()」を使います。</mark>スクリプトファイル「program6_3.py」を作成して、下記のように入力してください。

DATA program6_3.py

```
import tkinter

window = tkinter.Tk()          ── ウィンドウを作る変数
                                   「window」を作成する
window.title(u' タイトル ')      ── 変数「window」のタイトルを作成する
window.mainloop()              ── 変数「window」を表示する
```

保存して実行すると、下図のようなウィンドウが表示されます。

図01 作成されるウィンドウ

MEMO ◆ 文字列の前の「u」

上記のコードの「window.title(u' タイトル ')」で、文字列の前に「u」が付いています。これは文字列を「Unicode文字列」にするためのものです。通常の文字列では日本語などが文字単位で扱えない場合がありますが、Unicode文字列なら文字単位で扱えます。

190

■ パーツを付けてみる

　作成したウィンドウには、タイトルしか表示されていません。今回は、ウィンドウにテキストやボタンを表示させるプログラムを作成しましょう。テキストの作成には「tkinter.Label()」、ボタンの作成には「tkinter.Button()」を使います。

　「program6_3.py」に、下記のようにコードを追記してください。テキストとボタンの変数を作成したあと、それぞれの変数を「grid()」で画面に描画させるしくみです。なお、ウィンドウの変数「window」を、最後に「mainloop()」で実行していることに注意してください。

DATA program6_3.py

```
import tkinter

window = tkinter.Tk()
window.title(u' タイトル ')

label = tkinter.Label(window, text='Hello World')
label.grid()

button = tkinter.Button(window, text=" クリックしてね ")
button.grid()

window.geometry('320x240')

window.mainloop()
```

`label = tkinter.Label(window, text='Hello World')` → 変数「window」に「Hello World」というテキストを作成する指定

`button = tkinter.Button(window, text=" クリックしてね ")` → 変数「window」に「クリックしてね」と表示したボタンを作成する指定

　実行すると、下記のようにウィンドウにテキストやボタンが表示されます。なお、「geometry()」でウィンドウサイズを指定していることもポイントです。

図02
テキストとボタンの表示

STEP 4 randomの使い方

STEP 2で使用した**randomモジュール**の詳しい使い方を解説します。乱数を扱えるのはrandom()関数だけでなく、uniform()関数やrandint()関数など、さまざまです。それぞれの違いに注意しながら、使い方を覚えましょう。

randomモジュールで乱数を扱う

■ 乱数とは

randomモジュールの代表であるrandom()関数は、「乱数」を扱うモジュールです。では、そもそも乱数がどのようなものであるのか詳しく確認しておきましょう。たとえると、サイコロを振ったときに出るランダムな値と同じものを指します。サイコロは、一般的には「1〜6」の値が各面に配置されており、サイコロを振るとすべての面が同じ確率で出ます。==乱数は、このサイコロを振って出た値と同様に、指定された範囲の値から、すべて同じ確率で出た値のこと==を意味します。サイコロでは、指定される範囲は「1〜6」ですが、**random()関数**では、==整数やリストの要素など、いろいろな値の範囲を指定することができます==。

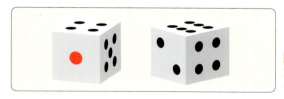

図01
乱数はサイコロを振って出る
ランダムな値と同じ

■ randomモジュールの構文

random()関数を利用するためには、下記のようにまず==randomモジュールを「import」で読み込み、「random.関数」という構文で使用します==。

```
import random

random. 関数
```

図02
randomモジュールの構文

■ 1未満のfloat型の乱数を表示する

　構文をもとに、もっとも基本的なrandomモジュールのrandom()関数を利用してみます。<mark>random()関数は、0.0以上1.0未満の範囲からfloat型の値を乱数で取得することができます。</mark>コードは下記のように書きます。

```
import random
num = random.random()
```

図03 random()関数の利用コード

　新しくスクリプトファイル「program6_4.py」を作成して、下記のプログラムを作成しましょう。

DATA program6_4.py
```
import random                  ← randomモジュールの読み込み


num = random.random()          ← float型の値を乱数で取得
print(num)
```

　保存して実行してみましょう。下記のように、小数点付きの乱数が取得できれば成功です。毎回違う値になっているかを確認するために、<mark>2回以上実行してみてください。</mark>

IDLE プログラム実行画面
```
RESTART: C:/Users/～/program6_4.py
0.8280126491653449              ← 小数点付きの乱数が出力される
```

　上記のように、毎回異なる0.0以上1.0未満の値が取得できることがわかります。float型なのかを確認するために、type()関数を使って確認しましょう。

DATA program6_4.py
```
import random


num = random.random()
print(type(num))                ← type()関数で変数「num」のデータ型を確認
print(num)
```

```
IDLE プログラム実行画面
 RESTART: C:/Users/～/program6_4.py
<class 'float'>  ──────── float型と確認できる
0.0802323558071093
```

上記のように「class 'float'」と表示され、random() 関数で得られる値が float 型だと確認できます。

■ 乱数で得られる値の範囲を指定する

random() 関数では 0.0 以上 1.0 未満の範囲でしたが、<mark>uniform() 関数を使って下記のように書くことで、得られる値の範囲を「a～b」で指定することができます。</mark>

```
import random

num = random.uniform( a , b )
```

図04
uniform() 関数の利用コード

それでは、uniform() 関数を利用して、「2.0～8.0」の範囲から float 型の乱数を取得してみましょう。下記のようにコードを変更してください。

```
DATA program6_4.py
import random

num = random.uniform(2.0, 8.0)
print(num)
```
「uniform()」のカッコ内で範囲を指定

保存して 2 回以上実行すると、下記のように<mark>「2.0～8.0」の間で毎回異なる float 型の値が得られる</mark>ことがわかります。

```
IDLE プログラム実行画面
 RESTART: C:/Users/～/program6_4.py
6.425915702613507
>>>
 RESTART: C:/Users/～/program6_4.py
5.284886196527057 ──── 「2.0～8.0」の間でfloat型の
                        乱数が出力される
```

■ int型の乱数を取得する

randomモジュールでは、int型の乱数も利用することができます。そのために利用するのが randint() 関数 で、下記のように書くことで、得られる値の範囲を「a～b」で指定することができます。

```
import random
num = random.randint( a , b )
```

図05 randint() 関数の利用コード

それでは、randint() 関数を利用して、「1～6」の範囲からint型の乱数を取得してみましょう。下記のようにコードを変更してください。ここでは、type() 関数を使ってデータ型も確認します。

DATA program6_4.py

```
import random

num = random.randint(1, 6)
print(type(num))
print(num)
```

「randint()」のカッコ内で範囲を指定

保存して実行すると、下記のように「1～6」の間で毎回異なったint型の値が得られることがわかります。これはちょうど、P.192で例として挙げたサイコロと同じ動作になります。また、「class 'int'」と表示され、randint() 関数で得られる値がint型だということも確認できます。

IDLE プログラム実行画面

```
RESTART: C:/Users/～/program6_4.py
<class 'int'>
5
>>>
 RESTART: C:/ Users/～/program6_4.py
<class 'int'>
1
```

「1～6」の間でint型の乱数が出力される
int型と確認できる
異なる乱数が出力される

195

■ 乱数でリストや文字列の要素をランダムに取得する

　リストや文字列は、それぞれにインデックスが存在しています。リストや文字列の要素をランダムに取得する場合、そのインデックス番号を乱数で指定してもよいですが、random モジュールには、それらの要素をランダムに取得する choice() 関数がすでに存在しています。下記のように書くと配列や文字列の 1 要素を取得します。

```
import random

num = random.choice( 配列や文字列 )
```

図06 choice() 関数の利用コード

　下記のようにコードを変更してみましょう。

program6_4.py
```
import random


sentence = 'abcdefg'
words = ['apple','banana','candy','donut']

mozi = random.choice(sentence)
print(mozi)
word = random.choice(words)
print(word)
```

文字列の変数「sentence」からランダムに取得する

リストの変数「words」からランダムに取得する

　保存して 2 回実行すると、下記のように文字列やリストの値をランダムに取得していることがわかります。なお、文字列やリストなどが空の場合、エラーとなってしまうため注意してください。

IDLE プログラム実行画面
```
RESTART: C:/Users/ ～ /program6_4.py
g
candy
（後略）
```

変数「sentence」からランダムに取得される
変数「words」からランダムに取得される

■ リストの中の値をランダムに入れ替える

　リストの中身をランダムに入れ替えたいときは、random モジュールの **shuffle() 関数** が利用できます。ただし、choice() 関数と違い、**shuffle() 関数は文字列には対応していない** ため注意してください。

```
import random
random.shuffle( リスト )
```

図07　shuffle() 関数の利用コード

　下記のようにコードを変更してみましょう。

DATA program6_4.py
```
import random

words = ['apple','banana','candy','donut']
random.shuffle(words)      shuffle()関数で変数「words」をランダムに入れ替える
print(words)
```

　保存して 3 回実行してみましょう。すると下記のように、同じ変数「words」のリストが表示されるものの、**中の値の順序が入れ替わっている** ことがわかります。なお、shuffle() 関数では、**空のリストを入れ替えても同じ空配列になるだけでエラーは起こりません。**

　また、choice() 関数はあくまでリストそのものに変更は加えませんでしたが、**shuffle() 関数はリストそのものを変更する** ことがポイントです。値を入れ替えたあとに if 構文で比較などをする際には、中の値が異なっていることに注意してください。

IDLE プログラム実行画面
```
RESTART: C:/Users/ 〜 /program6_4.py
['candy', 'apple', 'donut', 'banana']
>>>
RESTART: C:/Users/ 〜 /program6_4.py
['candy', 'banana', 'donut', 'apple']
（後略）
```

毎回ランダムに入れ替わる

STEP 5　timeの使い方

time モジュールには、時間を扱うための関数が入っています。現在の時刻を取得したり、ある処理のあとでしばらくプログラムを止めたりでき、Web 開発ではとても重要になるモジュールです。ここで基本的な使い方を覚えましょう。

timeモジュールで時刻を表示する

　Web サービスを開発する場合、どのユーザーが、いつ、何をしたのかを記録することが重要になります。たとえば、SNS や掲示板（BBS）などといったユーザーの書き込みによる情報サービスであれば、最新情報をいつもトップに表示しなければいけません。そのためには、書き込まれた時刻を正確に取得できるような関数が必要です。そのために利用されるのが **time モジュールの time() 関数**です。

図01　SNS や掲示板では投稿時間でソートされることが多い

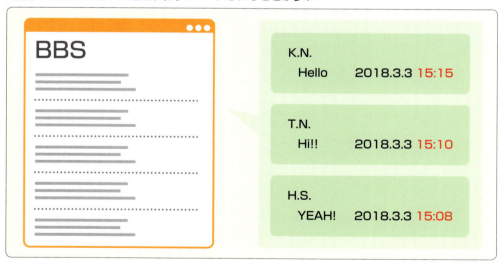

ある処理のあとでしばらく待ちたい

　そのほかの time モジュールの重要な関数に、**sleep() 関数**があります。sleep() 関数は、プログラムのある部分で処理をいったん止める動作をします。これはどういうことでしょうか。

プログラムは計算処理がとても速いため、途中でほかのプログラムで計算した値を利用したいと思っても、値が計算される前にプログラムが実行されてしまう場合があるのです。そのため、特定の処理のあとにsleep()関数などを置くことで、値の計算が終わるまで待つようにするのです。ほかのサービスからデータを取得するようなケースでよく利用されます。

図02 sleep()関数の利用イメージ

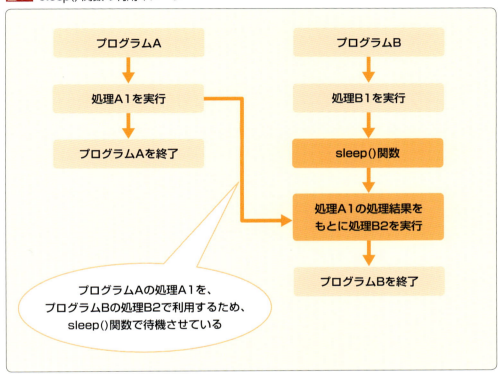

timeモジュールの利用方法

■ timeモジュールの読み込み

　timeモジュールを利用するには、まず下記のようにtimeモジュールを「import」で読み込むことが必要です。

```
import time
```

図03
timeモジュールの利用コード

■ 現在時刻を表示する

time モジュールを使って現在時刻を表示してみましょう。表示形式の異なる time() 関数と ctime() 関数の 2 つを利用します。それぞれ下記のように記述します。

```
time.time()
time.ctime()
```

図 04 time() 関数と ctime() 関数の利用コード

新しくスクリプトファイル「program6_5.py」を作成し、下記のように time() 関数と ctime() 関数を利用してみましょう。

DATA program6_5.py

```
import time

print(time.time())              # time()関数を出力
print(type(time.time()))
print(time.ctime())             # ctime()関数を出力
print(type(time.ctime()))
```

保存して実行してみると、下記のようにそれぞれの関数で型や得られる値が異なることがわかります。それぞれ確認してみましょう。

time() 関数では、大きな数字が表示されました。これは、「UNIX 時間」と呼ばれるもので、多くの OS で用いられている時刻表現の 1 つです。1970 年 1 月 1 日午前 0 時 0 分 0 秒から今まで何秒かかっているかを float 型で表示したものです。

ctime() 関数を利用した部分では、よりわかりやすい現在時刻が表示されました。time() 関数を通常の時刻表記にしたものが ctime() 関数なのです。なお、ctime() 関数で得られる現在時刻は、文字列型の str 型です。

IDLE プログラム実行画面

```
RESTART: C:/Users/ ～ /program6_5.py
1523904167.1511722
<class 'float'>                 # time()関数の値はfloat型と確認できる
Tue Apr 17 03:42:47 2018
<class 'str'>                   # ctime()関数の値はstr型と確認できる
```

■ 処理を止める

次に、プログラムの処理を、指定した秒数だけ止めてみましょう。<mark>処理を止めるためには、下記のように sleep() 関数を利用します。</mark>

```
time.sleep(止める秒数)
```

図05 sleep() 関数の利用コード

下記のようにコードを変更しましょう。<mark>sleep() 関数を二度使い、一度目では 1.5 秒処理を止め、二度目では 10 秒処理を止めるようにします。</mark>

DATA program6_5.py

```python
import time

print('sleep 開始 ')
time.sleep(1.5)          # 1.5秒止める
print('sleep 終了 ')
print('sleep その 2 開始 ')
time.sleep(10)           # 10秒止める
print('sleep その 2 終了 ')
```

保存して実行すると、下記の実行結果が表示されますが、「sleep 終了」と「sleep その 2 終了」の文字が表示されるまで、それぞれ指定された時間がかかります。<mark>止める時間は、整数でも小数点付きの数でも構いません。</mark>しかし、<mark>マイナスの秒数を入れるとエラーが表示される</mark>ため注意しましょう。

IDLE プログラム実行画面

```
RESTART: C:/Users/ ～ /program6_5.py
sleep 開始          ┐
                    ├ この間1.5秒
sleep 終了          ┘
sleep その 2 開始   ┐
                    ├ この間10秒
sleep その 2 終了   ┘
```

単一のプログラムでは利用する機会は多くありませんが、ほかのサービスを利用する場合に便利なため、覚えておきましょう。

urllib の使い方

インターネットの Web ページの情報は、「HTTP」と呼ばれる通信プロトコルで送受信されています。**urllib** は、その HTTP で利用する URL を Python で操作するためのパッケージです。代表的なモジュールとあわせて使い方を覚えましょう。

インターネットとHTTP

　私たちは、インターネットでいろいろな情報を調べるときに、まずは Google などの検索エンジンでキーワードを検索します。そしてキーワードによって絞り込まれた Web ページにアクセスして情報を調べますが、その Web ページが表示される際には、どういった方法で通信が成立しているのでしょうか。

　こうしたインターネットの通信で利用されているのが、「HTTP（Hypertext Transfer Protocol）」と呼ばれる通信プロトコル（約束事）です。下図のように、Web ページの情報は「サーバー」と呼ばれるコンピュータにありますが、「http:」が先頭に付いた「URL（Uniform Resource Locator）」と呼ばれる Web ページの情報がある場所までの道筋を指定することで、その情報を受け取ることができます。

　このように、HTTP 通信は URL によって支えられていますが、この URL を操作するために使われるのが **urllib** というパッケージです。

図01 HTTP 通信のやり取り

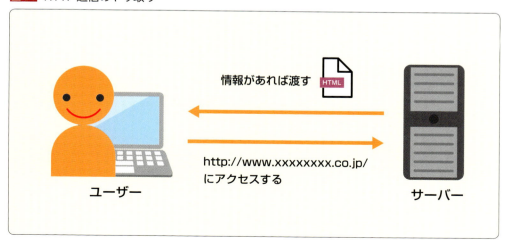

urllibについて

urllibは、URLを利用するためにいくつかのモジュールを集めたパッケージになっています。具体的には、以下のモジュールを利用することができます。

- urllib.request
- urllib.error
- urllib.parse
- urllib.robotparser

Python 2.xでは、上記のほかに「urllib2」というモジュールが存在していましたが、最新のバージョンでは上記に絞られ、これらが1つのパッケージとなりました。

■ urllibの利用方法

実際に利用してみましょう。まずは、URLで指定したWebページの情報を取得してみます。そのためには、urllibパッケージのrequestモジュールを利用します。requestモジュールを利用するためには、下記のように記述します。

```
import urllib.request
```

図02 「urllib.request」の利用コード

urllibはパッケージのため、このようにrequestモジュールを指定します。requestモジュールの中にあるurlopen()関数を利用すれば、URLで指定したWebページの情報を取得できます。今回は、GoogleのトップページをPage情報を取得してみましょう。新しくスクリプトファイル「program6_6.py」を作成して、下記のようにプログラムを作成しましょう。なお、下記に登場する「read()」は、取得した情報の中身すべてを1つの文字列として読み込むためのものです。

DATA program6_6.py
```
import urllib.request

html = urllib.request.urlopen('http://google.co.jp/')
html_response = html.read()
print(html_response)
```

「urlopen()」のカッコ内のURLのWebページ情報を取得

保存して実行すると、長い文が表示されます。これが、Googleのトップページを表示するときに利用されている情報です。

```
IDLE プログラム実行画面
RESTART: C:/Users/ ～ /program6_6.py
b'<!doctype html><html itemscope="" itemtype="http://
schema.org/WebPage" lang="j
(中略)
();(function(){var ctx=[]¥n;google.jsc && google.jsc.
x(ctx);})();</script></div></body></html>'
```

図03 Google の Web ページ（左）と実際のページ情報（右）

■ インターネット上の画像を取得する

　urlopen() 関数では、Web ページ全体の情報を取得しました。しかし、これでは何の情報なのかわかりづらい状態です。そこで次に、<mark>Web ページの中の画像を自分のパソコンに保存できる</mark> **urlretrieve() 関数**を説明します。今回も、Google のトップページを利用し、トップページのロゴを保存してみましょう。実行する前にロゴの URL「https://www.google.co.jp/images/branding/googlelogo/2x/googlelogo_color_272x92dp.png」に画像があるか確認しましょう。Web ブラウザの検索ボックスに上記の URL を貼り付けて、下図のように画像が表示されれば利用可能です。

図04
Google のロゴの表示確認

下記のように、コードを変更しましょう。**URL と保存するファイル名を変数として指定し、それぞれを「urlretrieve()」のカッコ内に入れていることがポイント**です。

DATA program6_6.py
```
import urllib.request
url = 'https://www.google.co.jp/images/branding/
googlelogo/2x/googlelogo_color_272x92dp.png'
saveimage = 'logo.png'

urllib.request.urlretrieve(url, saveimage)
print(" 保存完了しました ")
```

保存して実行すると、スクリプトファイルがある場所（ここでは「C:¥Users¥ ユーザー名 ¥AppData¥Local¥Programs¥Python¥Python36」）に「logo.png」が保存されます。実際にエクスプローラーで画像を確認してみましょう。

❶ スクリプトファイルがある場所を開いて「logo」をダブルクリックする

❷ ロゴが表示されることを確認する

第 6 章 ライブラリとモジュール

205

json の使い方

Pythonでは、さまざまなプログラミング言語で利用できる **JSON** というデータ形式を扱えます。そのために利用されるのが **json モジュール** です。扱い方に特徴があるため、基本をしっかりとおさえましょう。

JSONとは

　Pythonでは、JSON という特殊なデータ形式が扱えます。JSON の正式名称は「JavaScript Object Notation」で、その名のとおり JavaScript という言語の表記法をベースにしたデータ形式です。JavaScript がベースとはいえ、表記法を利用しているだけであり、Python のほかさまざまな言語で利用されています。この JSON を扱うために利用されるのが、json モジュール です。

■ JSONの構造の基本

　まずは実際の JSON のプログラムを、下記で確認してみましょう。特徴的なのは波カッコ {} で、これにより値などが括られています。また、辞書型のような「キーと値のペア」が集まっており、「:」の左にキーが、右に値が配置され、それらのペアは「,」で区切られています。配列は角カッコ [] で括られていることもわかります。

```
{
"user":{
"name": "kosei nishi",
"age": 30 ,
},
"country":{
"name": "japan",
"city": ['tokyo','osaka','nagoya']
}
}
```

図01
JSON データの構造例

■ JSONのメリット

　JSON を利用するメリットとしては、ほかのプログラミング言語が同じデータ構造を利用していることが挙げられます。このことにより、取得したいデータを扱うサービスの開発言語が Python 以外の Ruby や PHP などでも、スムーズに作業できるのです。やり取りするデータ構造が同じため、JSON のデータを取り扱うことに集中するだけでよいからです。

図02　JSON データはどの言語でも柔軟に取り扱える

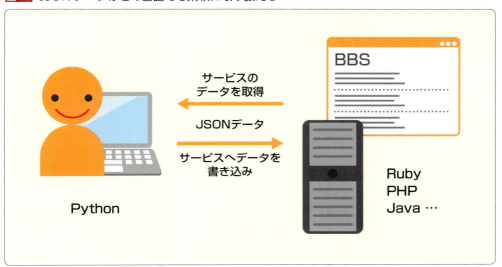

jsonモジュールの使い方

　実際に JSON のデータを作成してみましょう。今回は、「C:¥Users¥ ユーザー名 ¥AppData¥Local¥Programs¥Python¥Python36」の場所に、「test.json」という名前の JSON データを作成します。Python で最初に辞書型でデータを作成してから、JSON 形式に変換します。

■ jsonモジュールの利用方法

　まずは、JSON を扱うための json モジュールを利用してみましょう。利用するためには、まず json モジュールを「import」で読み込む必要があります。

```
import json
```

図03　json モジュールの利用コード

■ JSONデータに変換する

辞書型のデータを JSON データにするためには、**dumps() 関数**を利用します。利用コードは下記のように記述します。

図04 dumps() 関数の利用コード

```
dict_data =   辞書データ
json_data = json.dumps(dict_data)
```

■ JSONデータの書き込み

JSON データをファイルとして保存するには、下記のように **dump() 関数**を利用します。上記の dumps() 関数と 1 文字違いの関数のため注意してください。なお、ファイルを書き込んだり読み込んだりする open() 関数を使用し、「open()」のカッコ内で書き込むデータのパスを指定しますが、スクリプトファイルと同じ場所に書き込む場合は、ファイル名だけ入力します。また、「w」は書き込みモードを意味します。

図05 dump() 関数の利用コード

```
file = open('  書き込むデータのパス  ',' w ')
json.dump(json_data, file)
file.close()
```

■ JSONデータの読み込み

JSON データの読み込みでも、open() 関数を下記のように利用します。2 行目の write() 関数は、データが存在していたら書き込み、存在していない場合新規作成するというものです。なお、今回は write() 関数は利用しません。

図06 JSON データの読み込みコード

```
file = open('  読み込むデータのパス  ',' w ')
file.write('  書き込む内容  ')
file.close()
```

それでは、これらの関数を利用して、JSON データを作成しましょう。スクリプトファイル「program6_7.py」を新しく作成し、辞書型データから JSON データを作成するプログラムを次のように書きましょう。

DATA program6_7.py

```python
import json

dict_data = {
  'user':{
    'name': 'kosei nishi',
    'age': 30 ,
  },
  'country':{
    'name': 'japan',
    'city': ['tokyo','osaka','nagoya']
  }
}

json_data = json.dumps(dict_data)
print(json_data)

file = open('test.json','w')
json.dump(json_data,file)
file.close()
```

- 辞書型データ
- ファイルの場所と名前を指定して書き込みモードにする
- 書き込みが終わったら「close()」で終了する

　保存して実行すると、下記のように JSON データに変換されたあと、指定した保存先に指定した名前（ここでは「test.json」）で保存されていることがわかります。

IDLE インタラクティブモード

```
RESTART: C:/Users/～/program6_7.py
{"user": {"name": "kosei nishi", "age": 30}, "country": {"name": "japan", "city": ["tokyo", "osaka", "nagoya"]}}
```

図 07
保存された JSON データのファイル

STEP 8 外部ライブラリのモジュールの使い方

ここでは、標準ライブラリ以外の**外部ライブラリ**のモジュールの利用方法について解説します。外部ライブラリをダウンロードしてインストールすると、含まれているモジュールが利用できるようになります。

外部ライブラリとは

これまで標準ライブラリとそのモジュールの使い方を解説してきましたが、Pythonの魅力は、そのほかの外部ライブラリが充実していることにもあります。**外部ライブラリは、世界中の開発者たちがほかの開発者たちにも使える関数をパッケージにしたもの**です。

まずは、どれほどの外部ライブラリがあるかを確認しましょう。Webブラウザで「https://pypi.org/」にアクセスしてWebページを見てみましょう。**表示されるWebページ「PyPI」は、「Python Package Index」の略称で、Pythonパッケージを管理するためのサービス**です。ここで、外部ライブラリを検索したり、自作のパッケージを登録したりできます。

図01 PyPIのWebページ

上図のように、13万以上（2018年4月時点）ものパッケージが配布されています。なお、Webページの下部には新しくリリースされたものや最近のトレンドパッケージなどが並んでいます。

■ 外部ライブラリを検索する

P.210 図01 の検索ボックスにキーワードを入力することで、外部ライブラリを検索できます。試しに「pep8」と検索してみましょう。検索結果には、「pep257」などたくさん出てきますが、「pep8」を探して開いてみてください。

図02 pep8 の Web ページ

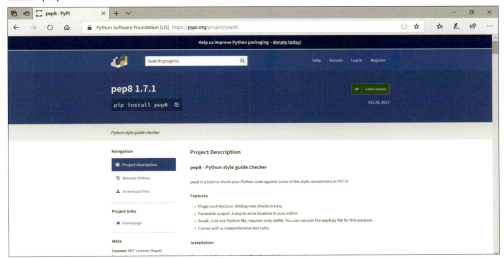

この pep8 は、ソースコードが PEP 8 の規約どおりになっているかをチェックするためのライブラリです。この pep8 の Web ページでは、ライブラリの中身の説明や、ライブラリの中身が、いつ、どのように更新されたのかという履歴を見ることができます。また、ダウンロードの方法もここに書いてあります。

■ 外部ライブラリをダウンロード・インストールする

外部ライブラリをダウンロードする方法は、2つあります。1つ目は、ライブラリ／モジュールのタイトルの下にあるボタン（図02 では「pip install pep8」）をクリックする方法です。Web ブラウザ上でダウンロードがはじまりますが、通常のダウンロードファイルの保存場所と、Python で外部ライブラリを読み込める場所（C:¥Users¥ユーザー名¥AppData¥Local¥Programs¥Python¥Python36¥Scripts）が異なるため、ダウンロードしたあとにライブラリの場所を移動しなければなりません。これを毎回行うのはとても面倒なため、今回は、次に紹介するもう1つの方法でダウンロードします。

ライブラリ管理ツール「pip」を利用する

ダウンロードした Python には、「pip」（ピップ）というツールが同梱されています。pip は「C:¥Users¥ユーザー名¥AppData¥Local¥Programs¥Python¥Python36¥Scripts」の中にあり、外部ライブラリのダウンロードとインストールをしてくれるライブラリ管理ツールです。pip は、PowerShell などのコマンドで操作できます。

まずは pip が正しく動作するかを確認してみましょう。ここでは PowerShell を使用して確認します。

■ pipのコマンドを確認する

pip のコマンドがしっかり動くかどうかは、下記のコマンドを入力することで確認できます。正しく動作すれば、pip のバージョンが確認できます。

```
pip -V
```

図03 pip のバージョンを確認するコマンド

PowerShell を起動して、下記のコマンドを入力してみてください。この際、作業フォルダはどこであっても問題ありません。

PowerShell
```
PS C:¥Users¥ユーザー名 > pip -V ⏎
```

図04 「pip -V」の実行画面

上記のように、「pip 9.0.1」などとバージョンを示す数字が出てくれば、pip のコマンドが正しく動いている証拠となります。もし、このように表示されない場合は、Python をインストールする際に、「Add Python 3.x to PATH」にチェックが付いていない可能性があります。P.055 を参考にして、「Add Python 3.x to PATH」にチェックを付けて再度インストールし直してください。

■ pipのコマンドでライブラリをインストールする

pip のコマンドを使って、先ほど PyPI で確認した pep8 ライブラリをインストールしてみましょう。インストールするためには、下記のコマンドが必要です。

```
pip install ライブラリ名
```

図05 ライブラリをインストールするコマンド

実際に、PowerShell で下記のコマンドを入力してみましょう。ここでも、作業フォルダはどこであっても問題ありません。

PowerShell
```
PS C:\Users\ユーザー名 > pip install pep8 ⏎
```

図06 「pip install」の実行画面

```
Windows PowerShell (x86)
Windows PowerShell
Copyright (C) Microsoft Corporation. All rights reserved.

PS C:\Users\亮介> pip -V
pip 9.0.1 from c:\users\亮介\appdata\local\programs\python\python36
PS C:\Users\亮介> pip install pep8
Collecting pep8
  Downloading https://files.pythonhosted.org/packages/42/3f/669429c
/pep8-1.7.1-py2.py3-none-any.whl (41kB)
    100% |████████████████████████████████| 51kB 1.2MB/s
Installing collected packages: pep8
Successfully installed pep8-1.7.1
You are using pip version 9.0.1, however version 10.0.0 is availabl
```

上記のように、「Collecting pep8」と表示され、自動的にライブラリのインストールが完了します。

■ インストールしたライブラリを確認する

PowerShell 上ではインストールが完了したことが表示されてはいますが、外部からインストールしているため、再度確認してみましょう。まずは、コマンドを使わない確認方法から紹介します。

「C:\Users\ユーザー名\AppData\Local\Programs\Python\Python36\Scripts」のフォルダをエクスプローラーで見てみましょう。インストールしたあとでは、「pip」以外に「pep8」が新しく追加されていることがわかります。

図07 「pep8」の確認

easy_install	2018/02/09 2:06
easy_install-3.6	2018/02/09 2:06
pep8	2018/04/18 14:48
pip	2018/02/09 2:06
pip3.6	2018/02/09 2:06
pip3	2018/02/09 2:06

　しかし、データが破損してしまっている場合もあります。インストールが完了したあとは、下記の pip コマンドでいつも確認するようにしましょう。

```
pip freeze
```

図08 ライブラリを確認するコマンド

　実際に、PowerShell で下記のコマンドを入力してみましょう。ここでも、作業フォルダはどこであっても問題ありません。

PowerShell
```
PS C:¥Users¥ユーザー名 > pip freeze ⏎
```

図09 「pip freeze」の実行画面

　上記のように、「pep8==1.7.1」などと、pip でインストールしたライブラリの名前とバージョンが表示されます。これで、pep8 を利用できることが確認できました。

■ pipでライブラリを削除する

　外部ライブラリはとても多く、バージョンが更新されるだけではなく、新しい名前に変わる可能性もあります。そのようなときに間違えて別のライブラリをインストールしてしまうこともあります。インストールしただけでは今作成しているプログラムに影響はありませんが、パソコンの容量が無駄になってしまうため、不要なライブラリがある場合は削除しましょう。削除するためには、次のコマンドが必要です。

```
pip uninstall ライブラリ名
```

図10 ライブラリを削除するコマンド

　実際に、PowerShell でライブラリを削除してみましょう。pep8 はのちほどプログラムで動作確認したいため、P.213 を参考にして新しく「pep257」をインストールし、「pip freeze」で動作確認したうえで、これを削除します。

図11 「pip freeze」の実行画面

```
PS C:¥Users¥亮介> pip freeze
pep257==0.7.0
pep8==1.7.1
You are using pip version 9.0.1, however version 10.0.0 is available.
You should consider upgrading via the 'python -m pip install --upgrade pip' command.
PS C:¥Users¥亮介>
```

それでは、下記のコマンドを入力して削除してみましょう。

PowerShell
```
PS C:¥Users¥ユーザー名 > pip uninstall pep257 ↵
削除対象のリスト
Proceed(y/n)? y ↵
```

図12 「pip uninstall」の実行画面

```
PS C:¥Users¥亮介> pip uninstall pep257
Uninstalling pep257-0.7.0:
  c:¥users¥亮介¥appdata¥local¥programs¥python¥python36¥lib¥site-packages¥__pycache__¥pep257.cpython-36.
  c:¥users¥亮介¥appdata¥local¥programs¥python¥python36¥lib¥site-packages¥pep257-0.7.0.dist-info¥descri
  c:¥users¥亮介¥appdata¥local¥programs¥python¥python36¥lib¥site-packages¥pep257-0.7.0.dist-info¥entry_p
  c:¥users¥亮介¥appdata¥local¥programs¥python¥python36¥lib¥site-packages¥pep257-0.7.0.dist-info¥install
  c:¥users¥亮介¥appdata¥local¥programs¥python¥python36¥lib¥site-packages¥pep257-0.7.0.dist-info¥metadat
  c:¥users¥亮介¥appdata¥local¥programs¥python¥python36¥lib¥site-packages¥pep257-0.7.0.dist-info¥metadat
  c:¥users¥亮介¥appdata¥local¥programs¥python¥python36¥lib¥site-packages¥pep257-0.7.0.dist-info¥record
  c:¥users¥亮介¥appdata¥local¥programs¥python¥python36¥lib¥site-packages¥pep257-0.7.0.dist-info¥top_lev
  c:¥users¥亮介¥appdata¥local¥programs¥python¥python36¥lib¥site-packages¥pep257-0.7.0.dist-info¥wheel
  c:¥users¥亮介¥appdata¥local¥programs¥python¥python36¥lib¥site-packages¥pep257.py
  c:¥users¥亮介¥appdata¥local¥programs¥python¥python36¥scripts¥pep257.exe
Proceed (y/n)? y
  Successfully uninstalled pep257-0.7.0
You are using pip version 9.0.1, however version 10.0.0 is available.
You should consider upgrading via the 'python -m pip install --upgrade pip' command.
PS C:¥Users¥亮介>
```

　上記のように、pip は削除するライブラリのデータをリスト化してくれます。最後に「Proceed(y/n)?」（実行しますか？）と聞いてくるため、yes の略の「y」を入力して「Enter」キーを押し、削除を実行しましょう。削除が完了したら、「Successfully installed パッケージ名」と表示されます。

念のため、削除が完了しているかを「pip freeze」で確認してみましょう。

図13 「pip freeze」の実行画面

```
Windows PowerShell (x86)
PS C:¥Users¥亮介> pip freeze
pep8==1.7.1
You are using pip version 9.0.1, however version 10.0.0 is available.
You should consider upgrading via the 'python -m pip install --upgrade pip' command.
PS C:¥Users¥亮介>
```

上記のように、先ほどまであった「pep257」が消えていることが確認できれば成功です。

pipでインストールしたライブラリを読み込む

外部ライブラリ pep8 の説明はここでは省きますが、外部ライブラリをインストールしたあとに利用する方法を解説します。**標準ライブラリと同様に、下記のように「import」で読み込んで利用します。**

```
import ライブラリ名
```

図14
外部ライブラリの利用コード

プログラムを新しく作るまでもないため、IDLE のインタラクティブモードで「import」を実行して、関数を確認してみましょう。下記のように入力してみてください。

IDLE インタラクティブモード

```
>>> import pep8 ⏎
>>> print(pep8.Checker) ⏎
<class 'pep8.Checker'>
```

読み込んだ pep8 に含まれる、文法チェック用の「Checker」を print() 関数で表示してみると、上記のように存在していることがわかります。なお、先ほど削除した「pep257」を読み込もうとするとエラーになります。このことから、インストールしたものだけが「import」で読み込めることが確認できます。

このように外部のライブラリを利用して、いろいろな関数を自分で使ってみましょう。

第7章

High and Low ゲームの作成

この章では、「High and Low ゲーム」というシンプルなカードゲームを作成します。これまでに解説してきたデータ型や構文、モジュールなどを広く使用するため、復習に最適です。学習したことを思い出しながら挑戦してみましょう。

High and Low ゲームを作ろう

本章では、今までに学習したプログラミングの知識を駆使して、**High and Low ゲーム**というシンプルなカードゲームを作成します。まずはここで、ゲームの具体的なルールを確認しておきましょう。

High and Lowゲームとは

　これまでの章で、データ型や構文、モジュールなど、Pythonにおけるプログラミングの基本を広く学んできました。この章では、それらの学習してきた知識をもとにしてゲームを作成します。作成するゲームは、知識の復習に最適な **High and Low ゲーム**です。このSTEPでは、まずHigh and Lowゲームについて確認しましょう。

■ High and Lowゲームの概要

　High and Low ゲームは、シンプルなトランプゲームの一種です。最初にカードをシャッフルします。シャッフルを終えたら、カードの山から、最初のカードを表示します。その後、2枚目のカードを表示しますが、表示する前に、2枚目のカードの数字が1枚目のものよりも大きい（High）か小さい（Low）かを予想して当てるのです。
　下図が今回作成するゲームのプレイ画面です。勝率が表示されるところもポイントです。

図01 High and Low ゲームのプレイ画面

```
>>>
>>>
= RESTART: C:\Users\亮介\AppData\Local\Programs\Python\Python36\highandlow.py =
High and Low  ゲームスタート！！
現在のカードは2です
次のカードの数字を　 High:1 Low:2  で予測してください
1
カードの値は、2です！
同じ値でした！勝敗には関係ありません！
現在の勝率は0%です。
High and Low  ゲームスタート！！
現在のカードは2です
次のカードの数字を　 High:1 Low:2  で予測してください
2
カードの値は、1です！
正解はLowでした！
お見事！正解です！
現在の勝率は100.0%です。
High and Low  ゲームスタート！！
現在のカードは1です
次のカードの数字を　 High:1 Low:2  で予測してください
```

■ 具体的なルール

具体的なルールを確認していきましょう。カードの数字の強さは、「1（エース）<2<3<4<5<6<7<8<9<10<11（ジャック）<12（クイーン）<13（キング）」とします。今回はジョーカーは抜きにします。また、ハートやスペードなどのマークについては、考えないものとします。なお、1枚目のカードの数字と2枚目のカードの数字が同じだった場合、引き分けとして勝敗を付けず、そのままゲームを進めます。

図02 High and Low ゲームのプレイ例

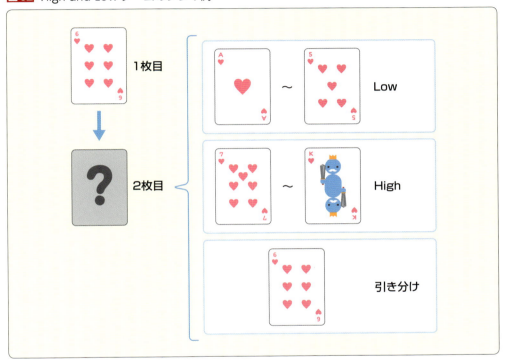

■ プログラムの処理

High and Low ゲームでは、下記の処理を実行します。STEP 2 から、それぞれの処理を作成していきましょう。

- カード 52 枚（ジョーカーを抜いたトランプ一式）の用意
- カードのシャッフル
- ユーザーの予想の入力
- High と Low の判定
- 判定後のゲームの続行
- 勝率の計算

STEP 2 カード一式を用意しよう

まずは、High and Low ゲームで使用するカードを作成します。今回は for 構文のくり返しを利用してすべてのカードの作成を行います。さらに、for 構文の複数行のプログラムを 1 行にまとめる方法についても解説します。

カード一式を用意する

　トランプは、「スペード（spade）・ハート（heart）・ダイアモンド（diamond）・クラブ（club）」の 4 種類のマークごとに、それぞれ「1 〜 13」の数字があります。まずは、これまでに学んだ知識で、これらのカード一式を作るプログラムを書いてみましょう。「highandlow.py」という名前でスクリプトファイルを作成し、下記のようにプログラムを記述し、保存して実行しましょう。range() 関数で作成した数字のリストの変数「numbers」と、マークのリストの変数「marks」を、for 構文でくり返しながら掛け合わせています。それらのペアをタプル型としてまとめ、「append()」でリスト型の変数「cards」に入れ込むしくみです。

highandlow.py
```
marks = ['club','diamond','heart','spade']
numbers = range(1,14)
cards = []
for i in marks:
    for j in numbers:
        cards.append((i,j))
print(cards)
```

- 数字のリストの変数「numbers」を作成
- 変数「numbers」と変数「marks」を for構文で掛け合わせる

IDLE プログラム実行画面
```
= RESTART: C:/Users/ 〜 /highandlow.py =
[('club', 1), ('club', 2), ('club', 3), ('club', 4), ('club', 5), ('club', 6), ('club', 7), ('club', 8), ('club', 9), ('club',
```

10), ('club', 11), ('club', 12), ('club', 13), ('diamond', 1), ('diamond', 2), ('diamond', 3), ('diamond', 4), ('diamond', 5), ('diamond', 6), ('diamond', 7), ('diamond', 8), ('diamond', 9), ('diamond', 10), ('diamond', 11), ('diamond', 12), ('diamond', 13),（中略）]

■ **プログラムを1行にまとめてみる**

なお、<mark>三項演算子（P.159 参照）を利用すれば、この複数の処理を 1 行でまとめることができます。</mark>下記のように、<mark>2 つの for 構文をつなげて、それ自体をリスト型の角カッコ [] で括る</mark>形にコードを変更しましょう。これでカードの中身そのもので初期化できます。保存して実行すると、先ほどと同じ結果になることがわかります。

highandlow.py
```python
marks = ['club','diamond','heart','spade']
numbers = range(1,14)
cards = [(i,j) for i in marks for j in numbers]
print(cards)
```

IDLE プログラム実行画面
```
= RESTART: C:/Users/～/highandlow.py =
[('club', 1), ('club', 2), ('club', 3), ('club', 4), ('club', 5), ('club', 6), ('club', 7), ('club', 8), ('club', 9), ('club', 10), ('club', 11), ('club', 12), ('club', 13), ('diamond', 1), ('diamond', 2), ('diamond', 3), ('diamond', 4), ('diamond', 5), ('diamond', 6), ('diamond', 7), ('diamond', 8), ('diamond', 9), ('diamond', 10), ('diamond', 11), ('diamond', 12), ('diamond', 13), ('heart', 1), ('heart', 2), ('heart', 3), ('heart', 4), ('heart', 5), ('heart', 6), ('heart', 7), ('heart', 8), ('heart', 9), ('heart', 10), ('heart', 11), ('heart', 12), ('heart', 13),（中略）]
```

カードをシャッフルして表示しよう

用意したカードは順序よく並んでいるため、シャッフルしましょう。ここでは、randomモジュールの **shuffle() 関数**を利用します。モジュールの読み込みや関数の利用方法について、あわせて復習しましょう。

randomモジュールでカードをシャッフルする

STEP 2 では for 構文を利用して、カード 52 枚一式を用意しました。用意されたカードは順序よく並べられているので、カードを切ることに見立てて、シャッフルしましょう。カードのシャッフルには random モジュールの **shuffle() 関数**を利用します。

randomモジュールを読み込む

random モジュールを「import」で読み込んで、「random.shuffle()」のカッコ内にカードの変数「cards」を入れることでシャッフルできます。下記のようにプログラムを変更して実行してみましょう。STEP 2 で初期化したときとの違いを確認できるように、カードシャッフル前とカードシャッフル後をあわせて出力するようにしています。

```
highandlow.py
import random                              ← randomモジュールの読み込み
marks = ['club','diamond','heart','spade']
numbers = range(1,14)
cards = [(i,j) for i in marks for j in numbers]
print('カードシャッフル前')
print(cards)
print('カードシャッフル後')
random.shuffle(cards)                      ← shuffle()関数で変数「cards」を
                                             シャッフル
print(cards)
```

> **IDLE のプログラム実行画面**
>
> = RESTART: C:/Users/〜/highandlow.py =
> カードシャッフル前
> [('club', 1), ('club', 2), ('club', 3), ('club', 4), ('club', 5), ('club', 6), ('club', 7), ('club', 8), ('club', 9), ('club', 10), ('club', 11), ('club', 12), ('club', 13), ('diamond', 1), ('diamond', 2), ('diamond', 3), ('diamond', 4), (中略)]
> カードシャッフル後
> [('heart', 3), ('spade', 4), ('spade', 10), ('spade', 5), ('spade', 2), ('spade', 3), ('heart', 13), ('spade', 6), ('club', 6), ('heart', 8), ('club', 9), ('club', 8), ('spade', 8), ('spade', 7), ('heart', 11), ('club', 10), ('club', 7), ('club', 5), ('heart', 9), ('diamond', 4), ('spade', 12), ('heart', 10), ('spade', 13), ('heart', 5), ('heart', 7), ('diamond', 1), ('club', 13), ('club', 12), ('diamond', 6), ('spade', 1), ('diamond', 11), ('club', 2), ('heart', 6), ('diamond', 13), ('heart', 1), ('diamond', 3), ('heart', 2), ('club', 3), ('diamond', 5), ('diamond', 2), ('diamond', 7), ('club', 1), ('diamond', 8), ('spade', 11), ('diamond', 12), ('heart', 4), ('heart', 12), ('spade', 9), ('club', 4), ('diamond', 10), ('diamond', 9), ('club', 11)]

■ choice()関数ではなくshuffle()関数を使った理由

　randomモジュールの中には、リストの中からランダムに1つ取り出すchoice()関数がありますが、今回はshuffle()関数を利用しました。High and Lowゲームは、カードを山札から1枚ずつ引いて判定するゲームです。引いたカードは山札に戻さず、山札が終わるまでカードを引き続けることができます。この動作は、choice()関数ではなくshuffle()関数で表現できるため、今回は、shuffle()関数を利用したのです。
　choice()関数では、一度カードを引いてから山札に戻す作業を表現できます。choice()関数に適しているのは、タロット占いなど、毎回カードを引くときに、常に一定の確率で判定するゲームです。

STEP 4 ユーザーが入力できるようにしよう

High and Low ゲームでは、ユーザーによる値の入力が肝となります。このような入力ができるようにする関数を **input() 関数**と呼びます。ここでは、input() 関数の使い方を中心に学習しましょう。

標準入力を利用する

今まで作成してきたプログラムは、すべて数字や文字列などをあらかじめ設定して実行するものでした。しかし、私たちの身近なサービスの多くは、ユーザーが文字を入力して検索したり、数字を入力して計算したりします。このようなユーザーが操作するキーボードの値を取得する入力を「標準入力」と呼びます。Pythonで標準入力をするためには、**input() 関数**が必要です。これはデフォルトで入っている関数のため、モジュールを読み込まずに利用できます。input() 関数は下記のように利用します。

```
x = input()
```

図01 input() 関数の利用コード

IDLE インタラクティブモード
```
>>> x = input()
1
>>> print(x)
1
>>> print(type(x))
<class 'str'>
```

ここで入力して Enter キーを押すまで次の「>>>」は表示されない

通常ならコードを実行すると、次のコードの入力を促す「>>>」が表示されますが、input() 関数を実行すると「>>>」が表示されずに文字が入力できる状態になります。上記から、この状態で「1」を入力して Enter キーを押すと、変数「x」に str 型の「1」が代入されることがわかります。なお、値の比較を数字で行いたい場合は、int 型に変換してから行います。

■ High and Lowゲームで標準入力できるようにする

　High and Low ゲームで標準入力できるよう、<mark>input() 関数を使ったコードを追加しましょう。</mark>また、<mark>ゲームの開始の文言を表示するほか、最初に引いたカードの数字などを format() 関数などで表示</mark>して、ユーザーにゲームが開始されたことを知らせるようにしましょう。下記のようにプログラムを変更して実行してください。

```
highandlow.py
import random
marks = ['club','diamond','heart','spade']
numbers = range(1,14)
cards = [(i,j) for i in marks for j in numbers]
random.shuffle(cards)
open_card = cards[1][1]

print('High and Low ゲームスタート!!')
print('最初のカードは {} です'.format(open_card))
print('次のカードの数字を High:1 Low:2 で予測してください')
answer = input()
print('入力した値は ' + answer + ' です')
```

左の[1]で変数「cards」のインデックス番号1のタプルを指定し、右の[1]でタプル内のインデックス番号1であるカードの数字を指定

標準入力した値を変数「answer」に代入

```
IDLE プログラム実行画面
= RESTART: C:/Users/〜/highandlow.py =
High and Low ゲームスタート!!
最初のカードは 10 です
次のカードの数字を High:1 Low:2 で予測してください
1 ⏎
入力した値は 1 です
```

　ユーザーの入力ができるようになっただけで、ゲームらしくなってきましたね。次は、この入力した値を用いて勝敗の判定を行います。

カードの数字を判定しよう
——数字が大きい場合

最初に引いたカードの数字より、次に引いたカードの数字のほうが大きいかどうかを判定しましょう。大きい場合、文字列を表示して、当たったかどうかがわかるようにします。if構文の復習として確認していきましょう。

if構文で数字の大きさを判定する

　High and Lowの要である、数字の判定部分を作成しましょう。まずは、次のカードの数字を取り出して、変数「answer_card」に代入します。その後、最初のカードの数字より大きいかどうかを「<」とif構文で判定し、大きい場合に文字列を表示します。プログラムを下記のように変更して実行しましょう。

```
highandlow.py
import random
marks = ['club','diamond','heart','spade']
numbers = range(1,14)
cards = [(i,j) for i in marks for j in numbers]
random.shuffle(cards)
open_card = cards[1][1]

print('High and Low ゲームスタート！！')
print('最初のカードは {} です'.format(open_card))
print('次のカードの数字を High:1 Low:2 で予測してください')
answer = input()
answer_card = cards[2][1]          ← 次のカードの数字を
                                     変数「answer_card」に代入
print('カードの値は、{} です！'.format(answer_card))
if open_card < answer_card:        ← 変数「open_card」より
                                     変数「answer_card」のほうが
                                     大きいか判断
    print('正解は High でした！')
```

IDLE プログラム実行画面

```
= RESTART: C:/Users/ ~ /highandlow.py =
High and Low ゲームスタート！！
最初のカードは 6 です
次のカードの数字を High:1 Low:2 で予測してください
1 ⏎
カードの値は、12 です！
正解は High でした！
```

　最初のカードの数字のより大きい場合、「正解は High でした！」と表示されるようになりました。では、==ユーザーが High を選んだ場合、「==」と if 構文を使って、当たったことを文字で見せましょう。==下記のようにプログラムを変更して実行しましょう。なお、High になるまで何度か実行を要する場合があります。

highandlow.py

```python
（前略）
answer = input()
answer_card = cards[2][1]
print('カードの値は、{}です！'.format(answer_card))
if open_card < answer_card:
    print('正解は High でした！')
    if answer == '1':  ──────── 変数「answer」が「1」（High）かどうかを判断
        print('お見事！正解です！')
```

IDLE プログラム実行画面

```
（前略）
最初のカードは 1 です
次のカードの数字を High:1 Low:2 で予測してください
1 ⏎
カードの値は、4 です！
正解は High でした！
お見事！正解です！
```

STEP 6 カードの数字を判定しよう
──数字が小さい場合

STEP 5 で次のカードの数字が大きい場合の処理を記述したため、次は数字が小さい場合の処理や、同じ数字だった場合の処理を追加しましょう。「else」と「elif」を利用して、条件分岐を作ります。

elseとelifで条件分岐を作る

ここでは、「else」と「elif」を利用して、次のカードの数字が小さい場合や同じ値だった場合の条件分岐を作成します。プログラムを下記のように変更しましょう。

```python
# highandlow.py
（前略）
if open_card < answer_card:
    print('正解はHighでした！')
    if answer == '1':
        print('お見事！正解です！')
elif open_card > answer_card:
    print('正解はLowでした！')
    if answer == '2':
        print('お見事！正解です！')
else:
    print('同じ値でした！勝敗には関係ありません！')
```

「elif」による次のカードの数字が小さい場合の処理

「else」による次のカードが同じ数字の場合の処理

「elif」の部分では、次のカードの数字が小さい場合の処理を追加して、正解の表示を行っています。また、「if」と「elif」で次のカードの数字が大きい場合と小さい場合の処理を行っているため、残るパターンは、どちらのカードも同じ数字の場合です。そのため、「else」の部分で、カードが同じ数字の場合の処理を記述しています。保存して実行すると、数字が小さい場合は「2」（Low）を選択すると正解が表示され、同じ値の場合はどちらを選んでも勝敗が付かないことがわかります。

IDLE プログラム実行画面

```
= RESTART: C:/Users/～/highandlow.py =
High and Low ゲームスタート！！
最初のカードは 5 です
次のカードの数字を High:1 Low:2 で予測してください
2 ⏎
カードの値は、1 です！
正解は Low でした！
お見事！正解です！
（中略）
1 ⏎
カードの値は、1 です！
同じ値でした！勝敗には関係ありません！
```

==「elif」を利用して、さらに不正解時の表示を追加しましょう。== 下記のように判定部分に追加します。保存して実行すると、正解と不正解がどちらも表示されることがわかります。

highandlow.py

```
（前略）
if open_card < answer_card:
    print('正解は High でした！')
    if answer == '1':
        print('お見事！正解です！')
    elif answer == '2':
        print('残念！不正解です！')
elif open_card > answer_card:
    print('正解は Low でした！')
    if answer == '2':
        print('お見事！正解です！')
    elif answer == '1':
        print('残念！不正解です！')
```

- `elif answer == '2':` / `print('残念！不正解です！')` → 正解がHighの場合の不正解時の表示
- `elif answer == '1':` / `print('残念！不正解です！')` → 正解がLowの場合の不正解時の表示

判定後にゲームを続行する

これまでの STEP で、High and Low ゲームを 1 回プレイできるようになりました。次に、すべてのカードがなくなるまで、ゲームを続けてプレイできるようにしましょう。ここでは、while 構文を復習しながら利用します。

while構文でゲームをくり返す

カードがなくなるまでゲームを続けられるようにしましょう。そこで、今何枚目のカードなのかを調べる変数「card_count」を設けます。**変数「cards」のリストの長さを len() 関数で計り、while 構文で変数「card_count」と比較しながらゲームをくり返していくようにします。** 下記のようにプログラムを変更しましょう。

```
highandlow.py
（前略）
card_count = 0
random.shuffle(cards)
while card_count < len(cards) - 1:   ── 変数「card_count」より、変数
    open_card = cards[card_count][1]      「cards」-1のほうが大きい限
    print('High and Low ゲームスタート!!')   り、以下のコードをくり返す
    print('現在カードは{}です'.format(open_card))
    print('次のカードの数字を High:1 Low:2 で予測してください')
    answer = input()
    card_count += 1   ── 変数「card_count」に「1」を
    answer_card = cards[card_count][1]   追加してカウントする
（中略）
    else:                          ── while構文のループが終わると実行される
        print('同じ値でした！勝敗には関係ありません！')
print('カードがきれたためゲーム終了です')
```

保存して実行すると、52枚のカードがなくなるまでHigh and Lowゲームが実行され続けます。そしてカードがなくなると、ユーザーにカードがなくなったことを表示して終了します。なお、うまく実行されない場合は、追記した部分にともなう各コードのインデントの変更が正しく行われているかを確認しましょう。

IDLE プログラム実行画面

（前略）
High and Low ゲームスタート！！
現在のカードは1です
次のカードの数字を High:1 Low:2 で予測してください
1 ⏎
カードの値は、1です！
同じ値でした！勝敗には関係ありません！
カードがきれたためゲーム終了です

■ テストではカードの枚数を調節する

　プログラムのテストの際、カードがなくなった場合の処理を確認しようとして最後までプレイをくり返すと、作業時間がかかりすぎてしまいます。そのためテストでは、カードを生成するrange()関数の部分で用意するカードの枚数を少なくしてあげると、確認時間が短くなり簡単です。下記のように変数「marks」「numbers」の冒頭に「#」を付けてコメント化し、テスト用の「marks」や「numbers」を作成してからテストするとよいでしょう。

highandlow.py

```python
import random
#marks = ['club','diamond','heart','spade']
#numbers = range(1,14)
marks = ['club']              # 変数「marks」を「club」に絞る
numbers = range(1,3)          # 変数「numbers」の範囲を「1〜2」に絞る
cards = [(i,j) for i in marks for j in numbers]
```

■ while構文の間違いに注意

　while 構文の条件部分に間違いがあると、<mark>無限にくり返されたり、変数「cards」のリストのインデックスの範囲を超えてエラーが出てしまったりする</mark>ため、注意が必要です。

IDLE プログラム実行画面

```
（前略）
次のカードの数字を High:1 Low:2 で予測してください
1↵
Traceback (most recent call last):
（中略）
IndexError: list index out of range
```

→ リストのインデックスの範囲を超えたことによるエラーメッセージ

■ while構文と標準入力の組み合わせテクニック

　現在のプログラムの問題点は、標準入力で「1」「2」以外を入力しても判定に進んでしまうことです。そこで、<mark>while 構文と if 構文を使って、「1」か「2」が入力されるまでループし続けるようにしてみましょう。</mark>下記のようにプログラムを変更してください。

highandlow.py

```python
（前略）
while card_count < len(cards) - 1:
    open_card = cards[card_count][1]
    print('High and Low ゲームスタート!!')
    while True:
        print('現在のカードは {} です'.format(open_card))
        print('次のカードの数字を High:1 Low:2 で予測してください')
        answer = input()
        if answer == '1' or answer == '2': break
    card_count += 1
（後略）
```

answer = input() → 「1」「2」が入力されると「break」によりループを抜ける

STEP 8 勝率を計算する

すべてのカードがなくなるまでゲームを続けるため、現在の勝率がわかるようにして、ゲーム性を高めましょう。勝った回数を判定回数で割って 100 倍することで、勝率が計算できます。

勝率を表示させる

判定の数と勝った数を利用して勝率を表示させましょう。まずは下記のように、==判定回数「judge_count」と勝った回数「win_count」の変数でカウントするようにプログラムを変更します。==

```
highandlow.py
（前略）
win_count = 0.0
judge_count = 0
while card_count < len(cards) - 1:
（中略）
    if open_card < answer_card:
        print('正解は High でした！')
        if answer == '1':
            print('お見事！正解です！')
            win_count += 1
        elif answer == '2':
            print('残念！不正解です！')
        judge_count += 1
    elif open_card > answer_card:
        print('正解は Low でした！')
        if answer == '2':
```

判定回数として変数「judge_count」、勝った回数として変数「win_count」を用意

勝った場合に変数「win_count」に「1」を追加

判定を行った場合に変数「judge_count」に「1」を追加

```
        print('お見事！正解です！')
        win_count += 1
    elif answer == '1':
        print('残念！不正解です！')
    judge_count += 1
```

勝った場合に変数「win_count」に「1」を追加

判定を行った場合に変数「judge_count」に「1」を追加

次に、**判定後に勝率を計算して表示させます。**なお、判定回数や勝った回数が0回のときには、「0.0%」と表示させます。

highandlow.py

```
（前略）
    else:
        print('同じ値でした！勝敗には関係ありません！')
    if judge_count == 0 or win_count == 0:
        print('現在の勝率は{}％です。'.format(0))
    else:
        print('現在の勝率は{}％です。'.format((win_count/judge_count)*100))
print('カードがきれたためゲーム終了です')
```

勝った回数を判定回数で割って100倍すると勝率が出る

保存して実行すると、下記のように判定後に勝率が表示されることが確認できます。これでHigh and Lowゲームが完成しました。まだまだ改良の余地があるため、ぜひいろいろと変更してオリジナルのHigh and Lowゲームを作ってみてください。

IDLEプログラム実行画面

（前略）
次のカードの数字を High:1 Low:2 で予測してください
1 ⏎
カードの値は、2です！
正解はHighでした！
お見事！正解です！
現在の勝率は50.0%です。

第8章

オブジェクト指向とクラス

この章では、Pythonに採用されている「オブジェクト指向」というプログラムの考え方について学習します。また、オブジェクト指向を実践するために必要な「クラス」についても、あわせておさえていきましょう。

オブジェクト指向とは

プログラムの設計にはいろいろな考え方がありますが、Python は**オブジェクト指向**と呼ばれる考え方を採用しています。このオブジェクト指向の理解を深めると、プログラミングをより効果的に行うことができます。

オブジェクト指向の概要

　コンピューターの技術が発展するにつれ、より大規模なソフトウェアが開発されるようになり、1960 年代には、開発コストが上昇し、その内容が複雑化していくあまり、「ソフトウェア危機」といった言葉まで登場しました。そのような時代から現在までの間に、プログラムが複雑化しないように、プログラミングにおけるさまざまな考え方が生み出されてきました。その中の 1 つの合理的な考え方が**オブジェクト指向**です。Python は、この考え方を取り入れたプログラミング言語です。

■ Pythonにおけるオブジェクト指向

　オブジェクト指向とは、その名前のとおり**オブジェクト**（モノ）で構成されたプログラミング言語の考え方のことをいいます。これまでに本書で解説してきた関数や変数やコード自体も、Python ではすべてオブジェクトとして扱っているのです。本書では、オブジェクトという言葉を出さずに関数や変数などを解説してきたため、もしかすると混乱を招いてしまうかもしれませんが、大まかに変数や関数などが集まった大きな外枠がオブジェクトだと考えてもらうと、以降の説明がわかりやすくなるかもしれません。

　オブジェクト指向のプログラミング言語の代表的な要素として、下記の 3 点が挙げられます。ただし、この 3 つがあるからオブジェクト指向のプログラミング言語だと断定できるものではないということには注意が必要です。

　①継承
　②ポリモーフィズム（多態性）
　③カプセル化
　それぞれの意味については、順を追って解説していきます。

オブジェクトの大枠を作る

　言葉だけではわかりづらいため、「飲み物」をオブジェクト指向で設計するケースを例に解説していきます。「飲み物」を想像すると何が出てくるでしょうか。容器であれば、瓶やペットボトル、アルミ缶などさまざまですね。中身であれば、ワインやコーラ、コーヒーなどで分かれます。下図のように、さまざまな飲み物と、その中の要素を整理して考えてみましょう。

図01 さまざまな「飲み物」を整理する

　上図のように整理すると、さまざまな「飲み物」で共通して必要となるものは、「容器」「中身」「開け方」「内容量」などだとわかります。つまり、「飲み物」というオブジェクトを作成するときに、これらの4つの要素をあらかじめ中に含ませておく必要があるということがいえるでしょう。この「飲み物」というオブジェクトの大枠を使って、それぞれの飲み物を設計していきましょう。

237

継承

　P.237で、「飲み物」というオブジェクトの大枠を設計することができました。では、この「飲み物」というオブジェクトの大枠をどのように使って個々の飲み物のオブジェクトを作成していけば、開発のコストを抑えることができるでしょうか。

　ワインやコーラ、コーヒーなどを、それぞれどのような要素があるのかを考えながら最初から作っていくと、大規模な開発の場合、とてもコストがかかってしまいます。では、下図のように先ほど設計した「飲み物」というオブジェクトの大枠の概念を利用して、容器や中身などを個別に設定するようにすればどうでしょうか。大枠の概念を利用しているため、コストを大幅に削減することができます。また、この設計により「飲み物」にすべて同じ要素を初期化時に定義することが可能になるため、定義漏れがなくなるメリットもあります。

図02　「飲み物」の大枠の概念を利用する

　このように、オブジェクトの中身の構成をコピーして新しいオブジェクトを作成することを「継承」と呼びます。この場合、大枠の概念である「飲み物」というオブジェクトを「親オブジェクト」と呼び、大枠の概念を継承して作られたワインやコーヒーなどのオブジェクトを「子オブジェクト」と呼びます。なお、概念を継承した子オブジェクトは、親が持っていた要素以外にも、子オブジェクト独自のデータを持つことができます。

ポリモーフィズム(多態性)

「ポリモーフィズム」(多態性)とは、プログラミング言語の性質の1つで、同じデータ型や処理などをオブジェクトの種類によって使い分けることができる性質を意味します。言葉だけではわかりづらいため、引き続き飲み物を例にして解説していきます。

■ オブジェクトによって同じ動作でも内容が変わる

これまでに、「飲み物」のオブジェクトを継承して、ワイン・コーラ・コーヒーという新しいオブジェクトが作成できました。それぞれの容器や中身などは異なりますが、どのオブジェクトにも共通する動作があります。それは、「開ける」という動作です。しかし、飲み物を「開ける」ときに、アルミ缶のコーヒーでは缶のプルタブを倒します。ペットボトルのコーラではキャップを回して外します。瓶のワインではコルクを引き抜いて外します。つまり、「開ける」という同じ動作ではあるものの、オブジェクトそれぞれで内容が変わります。これが、ポリモーフィズムの一例で、オブジェクト指向では重要な役割を担います。

図03 「開ける」という動作は飲み物の種類によって異なる

■ 型判別のtype()関数も同様

さまざまな変数のデータ型を確認できるtype()関数がありました。type()関数はいろいろな型に対して「変数の型を調べる」という動作をして、型名を教えてくれましたね。これも、同じ処理を型が違うオブジェクトに対して行うことで実現されており、ポリモーフィズムの一例です。

カプセル化

　これまでの飲み物の例をもとに引き続き解説しましょう。ワインやコーラなどを作成したあとに、別の飲み物に変えようとすると、先ほどの「開ける」などの動作も矛盾が生じないように変更しなければなりません。大規模開発になると、これらの変更漏れが発生してコストが大幅に増えてしまいます。

　せっかくシンプルに設計したものを台無しにしないためにも、「変えてもよいデータ」と「変えてはいけないデータ」をあらかじめ明確に分けておく必要があります。これにより、ほかのプログラムからよからぬ影響を受けないようになります。これを「カプセル化」と呼びます。

　たとえばコーラの場合、「内容量」というデータはほかのデータと関係なくただ変化するだけです。そのため、内容量は「変えてもよいデータ」として設計します。逆に、「容器」という要素を瓶などに変えてしまうと「開ける」動作にも影響が出てしまうため、容器は「変えてはいけないデータ」とします。

図04 変えてよいデータと変えてはいけないデータの例

■ 設計時がとても重要になる

　変更できるデータにするかどうかは、オブジェクトの大枠と同様に、オブジェクト生成時に設定します。オブジェクト指向では、継承、ポリモーフィズム、カプセル化の3つとともに、「最初の設計」もとても重要なポイントとなります。

Pythonでオブジェクト指向を活用する前に

次の STEP で、Python での活用法を説明していきますが、Python でオブジェクト指向を活用するうえで大切になる基礎知識を、ここで概観しておきましょう。

P.236 でも解説したように、Python は文字列や数値や関数などすべてのデータをオブジェクトとして扱っています。==オブジェクトにはそれぞれデータ型があり、このデータ型によってオブジェクトの性質が決まります。==Python で変数を作成すると、データ型を最初に設定しなくても、自動的にデータ型が付けられるのはこのためです。

ただし、実際には Python の変数は、数値や文字列などのオブジェクトをそこに入れるというよりも、==作成したオブジェクトを参照する==ようになっています。そのため、==オブジェクトには参照されるための識別値（ID）があり、id() 関数を用いて調べることができます。==なお、リスト型や辞書型などでは、中身の値を入れ替えて更新をしても、オブジェクトの識別値は変わりませんが、==数値型や文字列型では識別値が変わり、別のオブジェクトとして生成されます。==下記のように IDLE のインタラクティブモードで確認してみましょう。

IDLE インタラクティブモード

```
>>> a = [10]
>>> id(a)
67893688
>>> a[0] = 1
>>> id(a)
67893688
>>> x = 1
>>> id(x)
1754426848
>>> x = 2
>>> id(x)
1754426880
```

値を更新しても識別値が変わらない

値を更新すると識別値が変わる

つまり、==ミュータブル（値が変更可能）なデータ型と、イミュータブル（値が変更不能）なデータ型がある==のです。ミュータブルなデータ型はリスト型／辞書型／セット型など、イミュータブルなデータ型は数値型／文字列型／タプル型などです。

STEP 2 クラスの作り方と使い方

Pythonにおいて、オブジェクト指向ととても重要な関わりを持つのが、**クラス**です。クラスの意味や使い方について、実例を交えながら解説します。継承やカプセル化などのオブジェクト指向のポイントについてもおさえましょう。

クラスとは

オブジェクト指向をプログラミングで実際に再現する場合、オブジェクトとして**クラス**と呼ばれるものが利用されます。クラスは、**中に変数や関数を集めたコードのブロック**です。クラスを定義するコードは、下記のように記述します。

```
class  クラス名 :
    クラス内部の関数や変数
```

図01 クラスの定義コード

このように、クラス名と、内部にどのような変数や関数などを入れるのかを指定します。これはちょうど、P.237の**オブジェクトの大枠の設計部分**に該当します。

では、実際に飲み物のクラスを作成してみましょう。スクリプトファイル「program8_2.py」を新しく作成して、下記のコードを書いてみましょう。

```
program8_2.py
class Drink:
    pass                              ← エラー回避のため「pass」を指定
```

ここでは「**pass**」がポイントです。Pythonでは、クラスを定義したあとやif文のあとの実装部分が抜けていたりすると、図02のようにエラーが表示されます。しかし、まず定義だけ作っておき、別の関数ができてから仕上げたい場合もあるものです。そのようなときに、「pass」を利用するのです。**明示的に「ここでは何もせずにスキップする」**という意味となり、エラーが出なくなります。

図02 クラスの定義漏れによるエラー表示

　なお、PEP 8によるクラスの命名規則では、下記のリストのように頭文字は大文字とし、複数の単語を使う場合には、2番目以降の単語の頭文字も大文字にして、アンダースコア（_）でつなげることになっています。

```
Drink
Drink_Glass
```

図03 クラスの命名の例

■ クラスは定義だけでは動かない

　先ほどのプログラムは、実行しても何も動きません。print()関数などが入っていないこともありますが、大事なポイントは、「クラスは定義しただけでは動いていない」ということです。クラスの構文は、クラスの設計をしているにすぎず、そのクラスを利用するためには、「実体化させる」ことが必要なのです。STEP 1では、飲み物の大枠を設計したあとで、コーラやワインなどのオブジェクトを作成しましたが、実体化はその部分に該当します。

■ クラスを実体化させたものが「インスタンス」

　プログラムの中で、設計したクラスを実体化させたものを「インスタンス」と呼びます。先ほどのクラスの構文とあわせてインスタンス化する場合は、下記のように記述します。

```
class クラス名 :
    クラス内部の関数や変数

インスタンス = クラス名
```

図04 クラスの定義とインスタンス化のコード

実際に、構文をもとに**クラス「Drink」を実体化させてみましょう。**また、実体化させたあと、クラスのデータ型を確認するために type() 関数を使ってみましょう。下記のようにコードを変更してください。

program8_2.py
```python
class Drink:
    pass
drink = Drink()          ── ここで「Drink」を実体化
print(type(drink))
```

保存して実行すると、type() 関数により先ほど作ったクラスが「Drink」になっていることが確認できます。

IDLE プログラム実行画面
```
= RESTART: C:/Users/～/program8_2.py =
<class '__main__.Drink'>
```

クラスの中身を作成する

■ クラス内にメソッド（関数）を作成する

クラス「Drink」の中身を作成していきます。**クラスの中には、データ（変数）やメソッド（クラスにおける関数）を入れることができます。**ここではメソッドを作成してみましょう。メソッド名は、飲み物の内容量を表示するものにするため「print_capacity()」とします。第 5 章 STEP 5 で解説した関数の作成と同様に、**メソッドの作成には「def」を使います。**下記のようにコードを変更して実行してください。

program8_2.py
```python
class Drink:
    def print_capacity(self):      ──「print_capacity()」を定義
        print('500ml')
drink = Drink()
drink.print_capacity()             ──「print_capacity()」を「drink」に適用
```

```
IDLE プログラム実行画面
= RESTART: C:/Users/ ～ /program8_2.py =
500ml
```

　「print_capacity()」のカッコ内には、引数として「self」という文字列が入っています。これは、クラスから実体となったインスタンス自身のことを指します。「self」は省略することができず、慣例として入力してください。しかし、実行のコードには「self」が自動的に割り当てられているので、5 行目では「self」を省略します。

　第 2 引数などを設定した場合には、実行のコードに値を引数として入れることで実行できます。下記のようにプログラムを変更して確認してみましょう。

```
program8_2.py
class Drink:
    def print_capacity(self, capacity):     ┐第 2 引数として「capacity」
        print('{}ml'.format(capacity))      ┘を設定
drink = Drink()
drink.print_capacity(50)
```

　保存して実行すると、「print_capacity()」の第 2 引数「capacity」に、実行コードの「50」という数字が入ることがわかります。「self」も省略されて実行されています。

```
IDLE プログラム実行画面
= RESTART: C:/Users/ ～ /program8_2.py =
50ml
```

■ クラス内にデータ（変数）を作成する

　今のままでは、メソッド内の引数を使って「capacity」を表示しているだけなので、「capacity」をクラス内で保持していません。そこで、インスタンス化したクラス「Drink」に「capacity」のデータ（変数）を持たせてみましょう。「capacity」をセットする set_capacity() メソッドを作成します。次のようにプログラムを変更してください。

第 8 章 オブジェクト指向とクラス

245

```
program8_2.py
class Drink:
    def set_capacity(self,capacity):
        self.capacity = capacity
    def print_capacity(self):
        print('{}ml'.format(self.capacity))
drink = Drink()
drink.set_capacity(50)
drink.print_capacity()
```

「set_capacity()」で「capacity」というデータ（変数）を保持

「print_capacity()」で保持しているデータを出力

保存して実行すると前回と同じ結果になりますが、出力のしくみが異なります。「set_capacity()」にある「self.capacity」の部分でクラス自身に「capacity」というデータ（変数）を保持させて、「print_capacity()」で保持しているデータを出力させているのです。

ところで、set_capacity() メソッドよりも先に print_capacity() メソッドが実行されると、作成されていないデータを表示しようとするため、エラーとなってしまいます。そのため、クラスがインスタンス化したときに実行されるメソッドがあります。

■ 初期化時に呼び出されるメソッド「コンストラクタ」

インスタンスが生成されるときに自動的に呼び出される特殊なメソッドのことを「コンストラクタ」といいます。コンストラクタを定義するためには、メソッドとして「init()」という名前のものを作成します。クラス内で保持する値の初期化などをこのメソッドで行います。init() メソッドは、下記のように書きます。

```
class Drink:
    def __init__(self, 引数1 , 引数2 ,…):
        処理

drink = Drink( 引数1 , 引数2 ,…)
```

図05
クラスの init() メソッドの記述方法

では、実際に使ってみましょう。インスタンス化したごとに変化しているか確かめるため、ワインとコーラを作ります。また、内容量以外に、飲み物の名前を示す「label」も付け加えてみます。次のようにプログラムを変更してみましょう。

```
program8_2.py
class Drink:
    def __init__(self, label, capacity):
        self.label = label
        self.capacity = capacity
    def print_info(self):
        print('{0} {1}ml'.format(self.label,self.capacity))
drink = Drink('wine',750)
drink.print_info()
drink2 = Drink('cola',500)
drink2.print_info()
```

「label」と「capacity」を引数として設定

「Drink」をインスタンス化して出力

　init() メソッドの部分で、クラスのインスタンス化の際に、「label」や「capacity」を引数として生成するようにしています。これで、生成前に表示されるエラーは回避できます。なお、<mark>init() メソッドでも「self」が必要</mark>なことに注意してください。

　保存して実行してみると、<mark>「label」も「capacity」もインスタンス化したときに設定した値がしっかり表示される</mark>ことがわかります。また、追加したコーラとワインそれぞれで内容量と名前が異なっていることで、<mark>クラス内でデータが分かれて保持されている</mark>ことも確認できます。

```
IDLE プログラム実行画面
= RESTART: C:/Users/ ~ /program8_2.py =
wine 750ml
cola 500ml
```

クラスを使ったカプセル化

　クラスを使って、インスタンス化したときにデータを保持させることができるようになりました。しかし、現状では P.240 のカプセル化の部分で解説した「変えてはいけないデータ」をまだ作成できていません。そのため、<mark>データへのアクセスを制限したり、関数の呼び出しを制限したりする「アクセス制限」</mark>を行いましょう。まずは、現状のプログラムでアクセスができてしまうかを確認します。次のようにコードを変更しましょう。

247

```
program8_2.py
（前略）
drink = Drink('wine',750)
drink.print_info()
drink2 = Drink('cola',500)
drink2.print_info()
drink.label = 'coffee'
drink.capacity = 500
drink.print_info()
```

「drink」の「label」と「capacity」を書き換えて出力

保存して実行すると、下記のように「drink」のデータである「label」と「capacity」が書き換えられてしまうことがわかります。これでは、プログラムの途中で変わってしまったときに、判断できません。

```
IDLE プログラム実行画面
= RESTART: C:/Users/～/program8_2.py =
wine 750ml
cola 500ml
coffee 500ml
```

■ アクセス制限をかけたデータの作り方

アクセス制限をかけたデータを作成しましょう。クラス内でしかアクセスできないため、「プライベート変数」と呼ばれます。プライベート変数を作成するためには、下記のように通常の変数の前にアンダースコア（_）を2つ付けます。たったこれだけの変化ですが、扱いが異なるため注意してください。

```
class Drink:
    def __init__(self, 引数1 , 引数2 ):
        self. 変数 = 引数1
        self.__ プライベート変数 = 引数2
drink = Drink( 引数1 , 引数2 )
```

図06
クラスのプライベート変数の記述方法

これを参考にして、次のようにコードを変更しましょう。

```
program8_2.py
class Drink:
    def __init__(self, label, capacity):
        self.__label = label          # 「__」を「label」に付けて
        self.capacity = capacity      # プライベート変数に
    def print_info(self):
        print('{0} {1}ml'.format(self.__label,self.capacity))
drink = Drink('wine',750)
drink.print_info()
drink2 = Drink('cola',500)
drink2.print_info()
print(drink.__label)
```

保存して実行すると、<mark>インスタンス化した「drink」から「__label」にアクセスできなくなった</mark>とわかります。

```
IDLE プログラム実行画面
= RESTART: C:/Users/～/program8_2.py =
wine 750ml
cola 500ml                    # 「__label」にアクセスできないことを
                              # 示すエラーメッセージ
Traceback (most recent call last):
  File "C:/Users/～/program8_2.py", line 19, in <module>
    print(drink.__label)
AttributeError: 'Drink' object has no attribute '__label'
```

■ アクセス制限のカラクリ

しかし実は、<mark>Pythonにはプライベートの値が存在しません。</mark>それでは、先ほどのプライベート変数とは何だったのでしょうか。クラスの中身を見るとカラクリがわかります。内部の構造を知るため、dir()関数を利用してみましょう。

```
program8_2.py
（前略）
drink = Drink('wine',750)
drink.print_info()
drink2 = Drink('cola',500)
drink2.print_info()
drink.__label = 'coffee'
print(drink.__label)
print(dir(drink))
```

「__label」に「coffee」を代入
dir()関数で「drink」の中身を調べる

　保存して実行すると正常に動作しますが、異なる点が2つあります。**まず、クラス内で定義した「__label」のあとに、さらに「drink.__label」を設定できています。**また、dir()関数を使って中身を見ると**「_Drink__label」と「__label」という2つの値がある**ことがわかります。

```
IDLE プログラム実行画面
= RESTART: C:/Users/ ～ /program8_2.py =
wine 750ml
cola 500ml
coffee
['_Drink__label', （中略）, '__init__', '__init_subclass__',
'__label', '__le__', （中略）]
```

　つまり、プライベート変数のカラクリは、**内部で「__label」という変数を「_Drink__label」に変更したことで、「__label」を隠したように見せる**ことだったのです。そのため「__label」には「coffee」を入れることができました。このカラクリを知ってしまうと、下記のようにしてアクセスできてしまいます。

```
（前略）
drink2 = Drink('cola',500)
drink2.print_info()
print(drink._Drink__label)
```

図07
プライベート変数へのアクセス方法

■ PEP 8で推奨されている記述方法

PEP 8 では、このようにアクセスできてしまうことを前提として、クラス内部だけでアクセスしたいデータには、アンダースコア（_）を 1 つだけ付けて、プログラムの説明を記載するドキュメントにその内容を残すことを推奨しています。この方法でクラスの設計を進めるため、P.249 で「__label」と記述した部分を「_label」に変更しておいてください。

```
class Drink:
    def __init__(self, 引数1, 引数2):
        self.変数 = 引数1
        self._プライベートにしたい変数 = 引数2
drink = Drink(引数1, 引数2)
```

図 08
PEP 8 推奨の記述方法

クラスを使った継承

次に、オブジェクト指向の要素である継承を、Python ではどう扱うのかを解説します。継承には、もととなる「親クラス」と、それを継承する「子クラス」があります。今回は、親クラスを「Drink」として、「Wine」「Soft_Drink」という子クラスを作成します。

■ 子クラスの設計

新しいクラスを作成するため、それぞれに新しい要素を追加していきます。「Wine」には、赤ワインや白ワインのような色を表す「color」と、アルコール度数を表す「alcohol」を加えます。次に、「Soft_Drink」には、炭酸飲料やコーヒー飲料などたくさんの種類があるため、カテゴリを表す「category」と、製造販売者を表す「vendor」を加えて設計します。

図 09
子クラスへの要素の追加

■ 継承の記述方法

続いて、実際に継承のプログラムを作成していきます。下記のように、<mark>子クラスの設定時に、どの親クラスから継承されているのかを書くことで実現できます。</mark>

```
class 親クラス:
    処理

class 子クラス( 親クラス ):
    処理
```

図10 継承の記述方法

それでは、「program8_2.py」を下記のように変更して、親クラス「Drink」から子クラス「Wine」「Soft_Drink」を作成しましょう。P.243で解説したように、<mark>しっかりと命名規則に沿って作成してください。</mark>

program8_2.py
```python
class Drink:
(中略)
        print('{0} {1}ml'.format(self.__label,self.capacity))
class Wine(Drink):
    def __init__(self, label, capacity, color, alcohol):
        super().__init__(label, capacity)
        self.color = color
        self.alcohol = alcohol
class Soft_Drink(Drink):
    def __init__(self, label, capacity, category, vendor):
        super().__init__(label, capacity)
        self.category = category
        self.vendor = vendor
wine = Wine('wine',750,'red',10)
cola = Soft_Drink('cola',500,'soda','coca cola')
wine.print_info()
cola.print_info()
```

子クラス「Drink」を作成

子クラス「Soft_Drink」を作成

「Wine」と「Soft_Drink」をインスタンス化

保存して実行すると、子クラスでインスタンス化された「wine」や「cola」などが正常に動作していることがわかります。また、継承しているため、子クラスで設定していない print_info() 関数も利用できていることがわかります。

```
IDLE プログラム実行画面
= RESTART: C:/Users/〜/program8_2.py =
wine 750ml
cola 500ml
```

なお、子クラスのコンストラクタ「super().__init__(label, capacity)」が、親クラスの書き方と異なっていますね。これは、子クラス特有の書き方です。「super()」とは、親クラスのことを指します。つまり、クラス「Drink」のコンストラクタを利用するという意味です。そのため、親クラスでは持っていない「color」や「category」などのデータを、init() メソッドの実行後に、それぞれ初期化しています。

■ 親クラスのメソッドを子クラスで再定義する

新しく子クラスを作成できましたが、現状では子クラスの新しく追加した「color」や「category」などのデータを表示できていません。そこで、親クラスのメソッドを定義し直します。このことを「メソッドの再定義」と呼びます。メソッドの再定義をするためには、子クラスの中で同一のメソッド名で処理を追加します。下記のようにコードを変更してみましょう。

```
program8_2.py
（前略）
class Wine(Drink):
    def __init__(self, label, capacity, color, alcohol):
        super().__init__(label, capacity)
        self.color = color
        self.alcohol = alcohol
    def print_info(self):
        print('{0} {1}ml'.format(self._label,self.capacity))
        print('ワインの色 {0}　アルコール度数 {1}'.format(self.color,
self.alcohol))
```

print_info() メソッドを再定義

```
class Soft_Drink(Drink):
    def __init__(self, label, capacity, category, vendor):
        super().__init__(label, capacity)
        self.category = category
        self.vendor = vendor
    def print_info(self):
        print('{0} {1}ml'.format(self._label,self.capacity))
        print(' 種類{0} 販売者{1}'.format(self.category,self.vendor))
wine = Wine('wine',750,'red',10)
（後略）
```
→ print_info() メソッドを再定義

保存して実行すると、先ほどと同じメソッド名ながら、子クラスで定義した処理が実行され、「color」や「category」などのデータが表示されることがわかります。

IDLE プログラム実行画面

```
= RESTART: C:/Users/～/program8_2.py =
wine 750ml
ワインの色 red アルコール度数 10
cola 500ml
 種類 soda 販売者 coca cola
```

クラスを使ったポリモーフィズム

クラスのポリモーフィズムは、実はすでに実装されています。==print_info() メソッドの処理結果は、それぞれのクラスで異なりますが、同じメソッド名で実行できている==からです。サービスのユーザー側は、中身の構成をいちいち理解せずに、処理として「飲み物の情報を出す」ということを実行したいだけです。そのため、==親クラスで共通にできそうなメソッドを作成し、それぞれのオリジナル部分は子クラスに任せるように設計する==とよいでしょう。

第9章

そのほかの便利なテクニック

この章では、ぜひ覚えておきたいそのほかのテクニックを紹介します。中でも、ほかのファイルのデータを読み込んだり、ほかのファイルにデータを書き出したりするテクニックは重宝します。画像処理やグラフ作成など、視覚的な表現もあわせて学習しましょう。

STEP 1 ほかのファイルのデータを読み込む

Pythonは計算ライブラリが豊富なため、ほかのファイルのデータを読み込んで計算することが多くあります。そのような場面では CSV ファイルがよく利用されます。そのため、CSV ファイルを読み込むライブラリの使い方を紹介します。

CSVファイルを読み込んで利用する

CSV ファイルという言葉を、すでに聞いたことがある人は少なくないでしょう。たとえば、エクセルで作成したデータを保存するときに、出力ファイル形式の選択肢の中に CSV ファイルがありますね。そもそも「CSV」とは「Comma Separated Value」の略称で、和訳すると「カンマ (Comma) で区切った (Separated) 値 (Value)」となります。エクセルでは、データの値が表で区切られていますが、その区切りをカンマ (,) にしたものが CSV ファイルで、ファイルの拡張子は「.csv」です。

Pythonでは、CSV ファイルを読み込むことがとくに多いため、しっかりと扱い方を覚えておきましょう。

■ CSVライブラリを読み込む

CSV ファイルを扱うためには、CSV ライブラリが必要となります。CSV ライブラリのインポートは、下記のように書きます。

```
import csv
```

図01
CSV ライブラリの読み込みコード

■ CSVファイルを自分で作成する

今回利用する CSV ファイルは自作します。CSV ファイルはエクセルでも作成できますが、今回は IDLE を利用して作成しましょう。まずは、IDLE で新しいファイルを開き、下記のようにカンマ (,) で区切ったデータを記述します。

IDLE プログラム編集画面
```
1,3,4,5
```

では、データに「step9_1.csv」という名前を付けて保存しましょう。下図のように、「ファイルの種類」で「Python files」をクリックして「All files」に変更してから、ファイル名「step9_1.csv」を入力しましょう。「Python files」のままだと、拡張子に自動的に「.py」が付き、Pythonファイルとなってしまうため注意してください。なお、ファイルの保存場所は、今までプログラムを作成していた場所にしましょう。

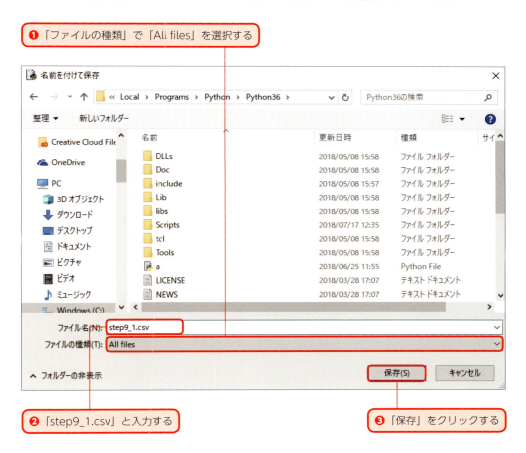

■ 読み込むためのプログラムの作成

CSVファイルが準備できたので、CSVライブラリを使って読み込んでみましょう。読み込みには、CSVライブラリのopen()関数を利用します。下記のようにファイルの場所と名前、読み込みモードを意味する「r」を指定します。

```
import csv

f = open(' ファイルの場所と名前 ',' r ')
```

図 02
CSVライブラリのopen()関数の利用コード

新しくスクリプトファイル「program9_1.py」を作成し、下記のようにプログラムを記述しましょう。

```
program9_1.py
import csv

f = open('step9_1.csv', 'r')
reader = csv.reader(f)   ── 読み込んだファイルのデータを
                            変数「reader」に入れる

for row in reader:   ── 変数「reader」の中のデータを
    print(row)           くり返し取得する

f.close()
```

保存して実行すると、下記のように==先ほど作成した CSV ファイルのデータを読み取って表示することができます。==

```
IDLE プログラム実行画面
= RESTART: C:/Users/～/program9_1.py =
['1', '3', '4', '5']
```

実行したときに、下記のようにエラーが表示された場合、==読み込む CSV ファイルの名前や場所が正しくない場合があります。==今回は、CSV ファイルの場所はプログラムと同じ場所にしています。また、ファイルの名前が**「step9_1.csv.py」**になっており、CSV ファイルになっていないことがよくあるため、よく確かめてください。

```
IDLE プログラム実行画面
= RESTART: C:/Users/～/program9_1.py =
Traceback (most recent call last):
  File "C:/Users /～/ program9_1.py", line 3, in <module>
    f = open('step9_1.csv', 'r')
FileNotFoundError: [Errno 2] No such file or directory: 'step9_1.csv'
```

CSVファイルの名前や場所が正しくないことによるエラーメッセージ

■ 読み取りたいデータの位置を指定する

このプログラムの変数「row」で表示しているのは、行のデータです。行のデータはリストで取得できています。そのため、==インデックスを指定することで任意の値にアクセスできます。==プログラムを下記のように変更してみましょう。

program9_1.py
```python
import csv

f = open('step9_1.csv', 'r')
reader = csv.reader(f)

for row in reader:
    print(row[0])

f.close()
```

インデックス番号「0」の値を指定

保存して実行すると、先ほどのデータの==インデックス番号「0」の値である「1」のみを表示することができました。==

IDLE プログラム実行画面
```
= RESTART: C:/Users/ ～ /program9_1.py =
1
```

■ 複数行のデータを読み込む

先ほどの「step9_1.csv」では、1行のデータを扱っていました。しかし、ほとんどのCSVデータでは、何千行、何万行という膨大なデータを取り扱うものです。そのため、==複数行のデータを読み込んでみましょう。==

「step9_1.csv」を閉じている場合、「File」→「Open」の順にクリックし、右図のように==「All files」を選択してから「step9_1.csv」==を選択して開きます。

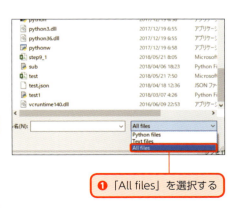

❶「All files」を選択する

「step9_1.csv」を開いたら、データを下記のように 5 行に変更します。続いて、各行のデータのインデックス番号「2」だけを表示するように、「program9_1.py」を下記のように変更してみましょう。

step9_1.csv
```
1,3,4,5
21,23,24,25
31,33,34,35
41,43,44,45
51,53,54,55
```

program9_1.py
```python
import csv

f = open('step9_1.csv', 'r')
reader = csv.reader(f)

for row in reader:
    print(row[2])

f.close()
```

インデックス番号「2」の値を指定

保存して実行すると、読み取ったデータのうち、指定したインデックス番号「2」の値のみを抽出することができます。

IDLE プログラム実行画面
```
= RESTART: C:/Users/〜/program9_1.py =
4
24
34
44
54
```

ほかのファイルにデータを書き出す

STEP 1 では、CSV ファイルを読み込む方法を解説しました。ここでは反対に、Python のプログラム内で作った値などを、CSV ファイルに書き出す方法を解説します。

CSVファイルをPythonのプログラムで書き出す

読み込む場合と同様に、書き出す場合も CSV ライブラリの関数を利用します。「writer」というオブジェクトを生成したあと、1 行で書き出すデータには writerow() 関数を、複数行で書き出すデータには writerows() 関数を利用します。また、読み込みと同様に open() 関数も利用しますが、第 2 引数は書き込みモードを意味する「w」にすることに注意してください。

図01 CSV ライブラリの書き込みコード

```
import csv

f = open(' ファイルの場所と名前 ',' w ')
writer = csv.writer( f )
writer.writerow( 書き込みたい配列 )
writer.writerows( 書き込みたい配列の配列 )

f.close()
```

今回は、下記のように年齢と名前の列を持った複数行の CSV ファイル「step9_2.csv」を作成する手順を紹介します。

step9_2.csv

```
age, name
50, makoto
40, midori
30, kaoru
```

1列目が年齢、2列目が名前

261

次に、新しくスクリプトファイル「program9_2.py」を作成して、下記のようなプログラムを作成しましょう。

```
program9_2.py
import csv

f = open('step9_2.csv', 'w')
writer = csv.writer(f)
header = ['Age', 'Name']

data = [[50,'makoto'],[40,'midori'],[30,'kaoru']]
writer.writerow(header)
writer.writerows(data)

f.close()
```

「data」が何を示すのかをいちばん上の1行で示す

複数行で書き出すそれぞれのデータをリスト化したもの

保存して実行すると、結果は何も表示されません。しかし、「File」→「Open」の順にクリックし、右図のように「All files」を選択すると、**CSVファイル「step9_2.csv」が新しく作成されている**ことがわかります。「step9_2.csv」を選択して開くと、下記のようなデータが確認できます。

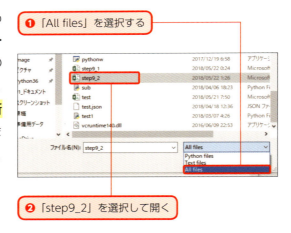

❶「All files」を選択する

❷「step9_2」を選択して開く

```
step9_2.csv
Age,Name

50,makoto

40,midori
```

各行の下に空白の行がある

```
30,kaoru
```

■ 空白の行をなくす

「step9_2.csv」には正常な値が入っていますが、各行の下に空白の行が入ってしまっています。これを修正するためには、下記のように、<mark>open() 関数の第 3 引数として、改行を設定する「newline」を利用します。</mark>デフォルトで余計な改行が入ってしまうため、改行しないように明示的に<mark>「newline=''」</mark>と設定する必要があるのです。

program9_2.py
```python
import csv

f = open('step9_2.csv', 'w',newline='')
writer = csv.writer(f)
header = ['Age', 'Name']

data = [[50,'makoto'],[40,'midori'],[30,'kaoru']]
writer.writerow(header)
writer.writerows(data)

f.close()
```

「newline=''」で改行を回避

保存して実行し、もう一度「step9_2.py」を開くと、今度は<mark>空白の行が消えている</mark>ことがわかります。

step9_2.csv
```
Age,Name
50,makoto
40,midori
30,kaoru
```

空白の行がなくなる

画像処理
——画像を読み込む

Pythonでは、これまでに解説してきたCSVファイル以外に、画像データを使ってプログラムを作成することもあります。ここでは、画像処理のためのライブラリ「OpenCV」を使って画像データを読み込む方法をおさえましょう。

OpenCVとは

「OpenCV」は、画像処理や画像解析の機能を持つオープンソースのライブラリです。Python以外にも、C言語やC++、Javaなど、幅広い言語に対応しています。WinodwsやmacOS、AndroidやiOSなど、さまざまなプラットフォームにも対応しているため、利用価値がとても高いライブラリです。

■ 画像データをPythonではどう利用する？

Pythonでは、画像データはどのように利用されるのでしょうか。主な利用用途として挙げられるのは、画像データを入力値として、画像のパターンなどを学習する「機械学習」です。具体的には、人間の顔の画像データをたくさん学習させて、顔認証の精度を向上させたりすることや、いろいろな動物の画像データを学習させて、カメラで取得した動物の名前などの情報を表示できるアプリケーションなどを作ったりすることが考えられます。このような画像処理を扱うためのOpenCVなどのライブラリは、最近話題の人工知能や機械学習などの分野でよく利用されています。

■ Python用のOpenCVライブラリをpipでインストールする

Python用のOpenCVライブラリとして提供されているのは外部ライブラリです。そのためまずは、PowerShellを開き、下記のpipコマンドを利用してOpenCVライブラリをインストールしましょう。なお、ライブラリ名は「opencv-python」です。

```
PowerShell
PS C:¥Users¥ ユーザー名 > pip install opencv-python ⏎
```

コマンドが実行されると、インストールが開始されます。

図01 OpenCV ライブラリのインストール画面

```
Windows PowerShell
Windows PowerShell
Copyright (C) Microsoft Corporation. All rights reserved.

PS C:¥Users¥亮介> pip install opencv-python
>>
Collecting opencv-python
  Downloading https://files.pythonhosted.org/packages/2b/31/cc5cf31258dc2cbb50dd1b046164add33804eab
/opencv_python-3.4.1.15-cp36-cp36m-win_amd64.whl (33.6MB)
    100% |████████████████████████████████| 33.6MB 27kB/s
Requirement already satisfied: numpy>=1.11.3 in c:¥users¥亮介¥appdata¥local¥programs¥python¥python3
 from opencv-python)
Installing collected packages: opencv-python
Successfully installed opencv-python-3.4.1.15
You are using pip version 9.0.1, however version 10.0.1 is available.
You should consider upgrading via the 'python -m pip install --upgrade pip' command.
PS C:¥Users¥亮介>
```

　インストールが完了したら、確認のために下記の pip コマンドを入力しましょう。この==「pip list」を使えば、インストール済みのライブラリなどが一覧表示できます。==なお、P.214 を参考にして「pip freeze」を実行しても同様に確認できます。

PowerShell
```
PS C:¥Users¥ ユーザー名 > pip list ⏎
```

　下図のように「opencv-python」が確認できれば、インストール成功です。

```
numpy (1.14.3)
opencv-python (3.4.1.15)
pep8 (1.7.1)
pip (9.0.1)
```

図02 「pip list」の実行結果

■ あわせて必要なライブラリ「numpy」

　「opencv-python」を利用するためには、「numpy」というライブラリもあわせてインストールする必要があります。**図02** のリストに ==「numpy」がない場合は、「pip install numpy ⏎」== と入力してインストールしてください。

OpenCVを利用する

■ OpenCVを読み込んで利用する

　OpenCV がインストールできたので、実際に利用していきましょう。次のように「import」で「cv2」と「numpy」を読み込んで利用します。==インストール時とライブラリの名前が異なることに注意してください。==

```
import cv2
import numpy as np
```

図03
OpenCV ライブラリと numpy ライブラリの読み込みコード

■ 利用する画像について

では、OpenCV ライブラリで読み込む画像について確認しましょう。本書ではプログラムのコードの統一のため、右図のナマケモノの写真を「namakemono.jpg」として利用します。任意の好きな画像を利用したい場合、スクリプトファイルが保存されている場所に画像を置きましょう。

画像が用意できたら、新しくスクリプトファイル「program9_3.py」を作成し、ライブラリの読み込みコードを確認しながら、下記のようにコードを記述しましょう。OpenCV ライブラリの imread() 関数を使い、画像を読み込む内容です。

図04 使用画像の「namakemono.jpg」

program9_3.py
```
import numpy as np
import cv2

img = cv2.imread('namakemono.jpg')
```

しかし、保存して実行しても何も起こりません。まだ、imread() 関数を使って画像の読み込みだけできている状態であり、表示させる動作をプログラミングしていないためです。

■ 画像を表示する

では、読み込んだ画像を表示してみましょう。次のようにプログラムを変更して実行してみましょう。

```
program9_3.py
import numpy as np
import cv2


img = cv2.imread('namakemono.jpg')
cv2.imshow('image', img)        ── imshow()関数でウィンドウ名と画像を指定
```

OpenCVライブラリのimshow()関数のコードが追加されています。この imshow()関数が、読み込んだ画像のデータを表示してくれます。なお、imshow()関数の第1引数でウィンドウ名を指定し、第2引数で表示させる画像を指定します。

保存して実行すると、右図のように「image」という名前のウィンドウで画像が表示されます。

図05 画像の表示画面

■ グレースケールで読み込む

画像の読み込み関数として imread() 関数を使っていますね。この関数の第2引数に「cv2.IMREAD_GRAYSCALE」または「0」を指定することで、画像をグレースケール（白黒）で読み込むことができるようになります。下記のようにプログラムを変更してみましょう。

```
program9_3.py
import numpy as np
import cv2


img = cv2.imread('namakemono.jpg', cv2.IMREAD_GRAYSCALE)
cv2.imshow('image', img)
                        └── 「cv2.IMREAD_GRAYSCALE」でグレースケールになる
```

保存して実行すると、右図のようにグレースケールで画像が表示されます。**もとの画像からグレースケールで画像データを取得している**ためです。画像処理で被写体のエッジを検出する場合など、色情報が必要ないときに利用すると便利です。

図06 グレースケールでの表示画面

■ imread()関数ではエラーにならない

imread() 関数では、第1引数として指定する、**画像が存在している場所と名前（今回はスクリプトファイルと同じ場所のため名前のみ）が合っていなくてもエラーになりません。** ただし、imshow() 関数では下記のようにエラーが起こります。ファイルの場所や名前の確認をしっかり行ったり、imread() 関数で読み込んだあと、条件分岐などで値がしっかり設定されているかを判定したりしてから、プログラミングを進めるようにしましょう。

IDLE プログラム実行画面

```
= RESTART: C:/Users/ ～ /program9_3.py = cv2.imshow('image', img)
cv2.error: OpenCV(3.4.1) C:\projects\opencv-python\opencv\modules\highgui\src\window.cpp:356: error: (-215) size.width>0 && size.height>0 in function cv::imshow
```

画像の場所や名前が正しくないことによるエラーメッセージ

画像処理 ―― 画像を作成する

STEP 3 では、OpenCV ライブラリを利用し、画像を読み込んで出力しました。ここでは反対に、新しく画像を作成する方法を解説します。画像に色を付ける方法についてもあわせて学習しましょう。

新しい画像を作成する

まず下記のコードで、画像の縦幅と横幅を配列として決めて、フレームを作成します。なお、「np.zeros」は「0」で埋められた配列を作るもので、第 1 引数で配列を、第 2 引数でデータ型（「np.uint8」は 8 ビットの符号なし整数）を指定します。また、配列内の「3」は色を意味しています。

```
image = np.zeros(( 縦幅 , 横幅 , 3 ), np.uint8)
```

図01 縦横を決めた画像の作成コード

新しくスクリプトファイル「program9_4.py」を作成して、下記のようにコードを記述しましょう。なお、shape() 関数は配列の大きさを取得するものです。

```python
# program9_4.py
import numpy as np
import cv2

cols = 640
rows = 480
image = np.zeros((rows, cols, 3), np.uint8)
print(image.shape)
```

縦幅「480」、横幅「640」のフレームを作成

保存して実行すると、次のように、「image.shape」によって取得された画像のフレームの情報が表示されます。これにより、まだ色情報が入っていないブランクの画像を作成することができました。

```
IDLE プログラム実行画面
= RESTART: C:/Users/～/program9_4.py =
(480, 640, 3)
```

■ 色情報を追加する

　続いて、色情報を追加して画像を表示しましょう。==色は「BGR」（Blue、Green、Red）と呼ばれる表現方法で設定します。==よく利用されるのは「RGB」（Red、Green、Blue）ですが、ここでは色の順番が逆となるので注意してください。==画像データの中には、配列で配色データが保存されており、print() 関数で表示することができます。==下記のようにコードを変更しましょう。保存して実行すると、長い配列情報が表示されます。これが各点の配色データの配列です。

```
program9_4.py
import numpy as np
import cv2


cols = 640
rows = 480
image = np.zeros((rows, cols, 3), np.uint8)


print(image)　　　　　　　　　　　　　　　　　　配色データを出力
```

```
IDLE プログラム実行画面
= RESTART: C:/Users/～/program9_4.py =
[[[0 0 0]
  [0 0 0]
  [0 0 0]
(中略)
  ...
  [0 0 0]
  [0 0 0]
  [0 0 0]]]
```

==画像内の色を塗る範囲と色の BGR を設定することで、色を追加することができます。そして imshow() 関数を利用することで画像を表示することができます。==下記のようにコードを変更してみましょう。なお、「image[0:240,0:320] = [0, 128, 0]」なら、「0:240」が縦の範囲、「0:320」が横の範囲を意味し、「0,128,0」が「青 0、緑 128、赤 0」を意味しています。また、「image[240:480:2, 320:640:2]」の「2」では、画素を飛ばす数を設定しています。

program9_4.py
```python
import numpy as np
import cv2

cols = 640
rows = 480
image = np.zeros((rows, cols, 3), np.uint8)

image[:,:] = [128, 0, 0]           # 全体を青色で塗りつぶす

image[0:240,0:320] = [0, 128, 0]   # 左上部分を緑色で塗りつぶす

image[240:480:2, 320:640:2] = [0, 128, 128]  # 右下部分を緑色と赤色で2画素飛ばしで塗りつぶす

cv2.imshow("image", image)         # 画像を表示する
```

保存して実行すると、下図のような画像を作成することができます。

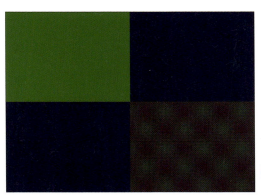

図02
作成した画像の表示

# STEP 5 グラフを作成する

Pythonでは、データを計算したり集計したりしたあとで、結果を可視化することがよくあります。データの可視化の際にとくに重要になるのはグラフ描画です。ライブラリを利用してグラフを作成する方法を覚えましょう。

グラフ描画のためのライブラリmatplotlib

matplotlibライブラリは、Pythonでグラフを描画するためのものです。標準ライブラリではなく外部ライブラリのため、まずはpipを使ってmatplotlibライブラリをインストールしましょう。PowerShellを開いて、下記のpipコマンドを実行してください。

```
PowerShell
PS C:\Users\ユーザー名 > pip install matplotlib ⏎
```

コマンドが実行されると、下記のようにいくつかのライブラリがいっしょにインストールされます。

図01 インストール画面

インストールが完了したら、下記のpipコマンドを実行し、「matplotlib」と表示されることを確認しましょう。なお、P.214を参考にして「pip freeze」を実行しても同様に確認できます。

```
PowerShell
PS C:\Users\ユーザー名 > pip list ⏎
```

```
cycler (0.10.0)
kiwisolver (1.0.1)
matplotlib (2.2.2)
numpy (1.14.3)
pep8 (1.7.1)
pip (9.0.1)
```

図02
「pip list」の実行結果

■ 直線のグラフを作成する

　まずは、簡単な直線のグラフを作成してみましょう。x軸（横）とy軸（縦）があり、グラフの式は、「y = x」とします。x軸の範囲は「0 ≦ x ≦ 10」として、刻み幅は「0.1」とします。スクリプトファイル「program9_5.py」を新しく作成して、下記のようにプログラムを記述しましょう。

program9_5.py
```python
import numpy as np
import matplotlib.pyplot as plt


x = np.arange(0, 10, 0.1)
y = x

plt.plot(x, y)
plt.show()
```

- numpyライブラリとmatplotlibライブラリの「pyplot」を読み込み
- arange()関数でx軸を指定
- x軸とy軸を設定して描画

　ここでは、matplotlibライブラリ内の「pyplot」を利用しています。その中plot()関数でx軸とy軸の値を設定し、show()関数で実際にグラフを描画する流れです。なお、x軸とy軸を設定しないままshow()関数を実行してもエラーとなってしまうため注意してください。

　matplotlibライブラリといっしょに「import」で読み込んでいるnumpyライブラリは、学術計算用のライブラリです。計算が楽になるほか、計算の処理の高速化ができるため、とても役立ちます。ここでは、等差数列（一定の差で続いていく数列）を作れるnumpyライブラリのarange()関数を使用し、x軸を設定しています。下記のように、最小値、最大値、刻み幅を引数として指定します。

```
np.arange(  最小値 ,  最大値 ,  刻み幅  )
```

図03
arange()関数の利用コード

保存して実行すると、下図のような直線のグラフが表示されます。

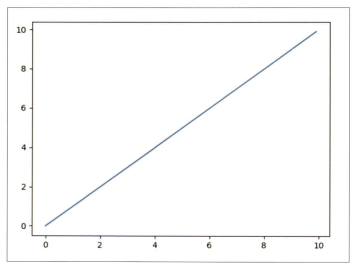

図04
直線グラフの描画画面

■ 三角関数のグラフを作成する

numpy ライブラリでは、三角関数を表現することもできます。ここでは、「y = sin x」のグラフを作ってみましょう。先ほど作成したプログラムの「y = x」の行を、「y = np.sin(x)」に変更してみてください。

保存して実行すると、下図のように「y = sin x」のグラフが表示されます。同様に、「y = np.cos(x)」「y = np.tan(x)」も利用できます。いろいろと式を変えてどのようなグラフになるか試してみてください。

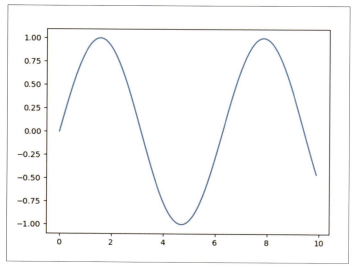

図05
「y = sin x」のグラフの描画画面

274

第10章

実践プログラムの作成

最後に、これまでに学習してきたプログラミングの知識を総動員して、実践プログラムを作成しましょう。新しく「Web API」の知識を覚えながら、Twitter のツイートをキーワードで検索できるアプリケーションと、ツイートを投稿できるアプリケーションの2つを作成します。

Web API とは

Web APIは、世界中にある Web サービスを活用できるようにする、プログラムの中でもとくに重要なものです。この章で作成するプログラムでも利用するため、まず Web API のそのものについての理解を深めておきましょう。

Web APIとは

Web API がどのようなものであるのかという問いに、すぐに答えることは難しいものです。**Web** はご存知のように、インターネット上の、レイアウトされた文字や画像などにアクセスできるしくみのことです。では、**API** とは何なのでしょうか。

APIは、「Application Programming Interface」の略称です。「ソフトウェアの機能を共有するためのインターフェース」などと表現されているものですが、これだけではよくわかりませんね。そのためこの STEP では、Web API を理解するために、インターフェースがどのようなもので、ソフトウェアの機能を共有することがどのようなものなのかを、詳しく解説していきます。

■ インターフェースとは

まずは、インターフェースについて確認しましょう。P.030 ではパソコンの入出力におけるインターフェースについて解説しましたが、本来はそれだけに限られた言葉ではありません。和訳すると「境界面」や「中間面」などの意味となり、コンピューター関連では「入出力機器」やそれらの「接続部分」などを示す概念として認識されるようになりました。

接続部分の例としては、パソコンとキーボードなどの機器間の接続に利用されるUSB ポートやシリアルポートなどが挙げられます。これらはハードウェアのため、**ハードウェアインターフェース**と呼ばれます。一方、**API のインターフェースは、プログラムとほかのサービス（ソフトウェア）の機能／情報を接続して共有するためのプログラム**です。接続対象がソフトウェアのため、**ソフトウェアインターフェース**と呼ばれます。パソコンにとってマウスやキーボードが欠かせないくらいに、API も Web で展開されるサービスにとって、なくてはならないものとなっています。

図01 ハードウェアインターフェースとソフトウェアインターフェース

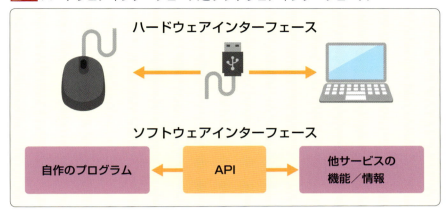

どのような機能／情報を共有するのか

APIは、ほかのサービスの機能や情報を、自分のプログラムと共有するための接続用のプログラムであることがわかりました。では、Webで使われるWeb APIでは、ほかのサービスのどのような機能／情報を共有するのでしょうか。世界中で利用されているWebサービスでの例を見てみましょう。

図02 Web APIで共有される機能／情報の例

サービス名	共有される主な機能／情報
Facebook	登録ユーザー情報 シェアボタン
Twitter	登録ユーザー情報 ツイートの検索
YouTube	動画の検索 動画の再生
Flicker	写真の検索 写真の表示
Yahoo!	ニュースやキーワードの検索 天気予報
IBM Watson	テキストデータの分析 音声データの認識

Flickerのようにサービスに保存されている写真を検索／表示させるものや、IBM Watsonのようにデータを送って分析させるものなど、さまざまな種類のWeb APIが存在しています。

ほかのサービスと機能を共有するメリット

　他社などが提供している外部のサービスの機能を共有して、自作したプログラムのサービスに活用することで、どのような利点が生まれるでしょうか。もう少し具体的に考えてみましょう。

　せっかく作るサービスなら、一から機能やデータなどを用意したいものです。しかし、機能やデータをすべて揃えるには時間がかかるため、プログラムを作るモチベーションが下がってしまいかねません。Web APIを利用して自分のサービスで使いたい機能を借りれば、少ない手間でサービスをユーザーに提供することができます。

　また、たとえば検索ランキングがほしいと思ったときに、Web APIを使わない場合はどうするでしょうか。まずは、ランキングの内部のしくみを考えなければいけません。しかし、Web APIを利用すると、ランキング内部のしくみを知らなくとも、ほしいランキング情報のみを考えるだけでよいため、自身のサービスの開発に集中することができます。

Web APIのしくみ

　Web APIでは、P.202で解説した**HTTP通信**や、HTTP通信にセキュリティ機能を追加した**HTTPS通信**を利用して、データのやり取りが行われます。Web APIを利用する側は、Web APIが設定しているURLにアクセスすると、対応するJSON（P.206参照）データなどを取得することができます。

図02　Web APIを利用したHTTP通信のイメージ

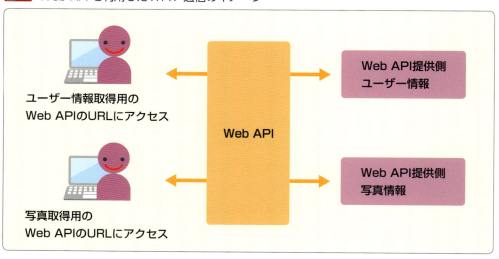

■ 利用者側を判断する「アクセストークン」

　サービスの資源となる情報を提供することとなる Web API では、誰でもその URL にアクセスして情報を得ることができる設計だと、悪意のあるユーザーがほかのユーザーの情報を取得して不正利用する可能性が生じてしまいます。そのため、HTTP／HTPPS 通信で URL にアクセスするときに、その人がどのようなサービスで利用するのかなどを判断したうえでの許可が、Web API 提供側で必要となります。この認証情報を**アクセストークン**と呼び、一般的には英数字の長い文字列として発行されます。

　アクセストークンを利用した Web API のやり取りの順序は、下記のとおりです。

①開発者は、Web API を利用するために、Web API の Web サイトでアクセストークンを発行するための利用者登録を行う

② Web PAI 提供側は、アクセストークンを発行する

③開発者は、発行されたアクセストークンを加えて Web API の URL にアクセスし、情報を取得しようとする

④ Web API 提供側は、アクセストークンを見て登録されたユーザーなのかを判断し、有効なアクセストークンであれば、機能／情報を渡す

図03 アクセストークンの利用例

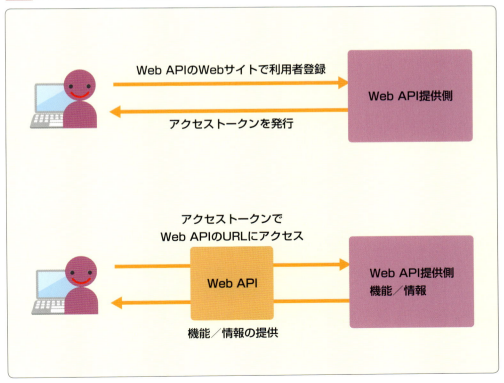

279

STEP 2 Twitter API とは

今日では多くのサービスで Web API が提供されています。中でも、140 文字以内の短文を投稿できる **Twitter** は、Web API を利用できるサービスの代表格です。Twitter API でどのようなことができるのかを確認してみましょう。

Twitterとは

みなさんの中にも、**Twitter** を利用したことがある人は少なくないでしょう。2006 年から開始された SNS（ソーシャル・ネットワーキング・サービス）で、==世界全体の登録ユーザーが 3 億人を超える、とても人気の高いサービス==です。下記のように、Twitter の Web サイト（https://twitter.com）にアクセスしてアカウントを作成するだけで、無料で世界中のユーザーと交流することができます。

❶「https://twitter.com」にアクセスし、「アカウント作成」をクリックしてアカウントを作成する

■ Twitterでユーザーができること

私たちの身の回りでは、毎日何かが起きています。自分にとってはちょっとしたことでも、==ほかの人にとってはとてもおもしろいニュースになることもある==ものです。そのようなちょっとした情報や感想などを、==「つぶやき」を意味する**ツイート**（Tweet）と呼ばれる 140 文字以内の短文として投稿して交流します。==画像や動画もすばやく投稿できるため、より豊かなコミュニケーションが可能です。

図01 Twitterの利用画面

■ いろいろなユーザーと交流できる

　自分のタイムライン（メイン画面）でほかのユーザーのツイートをリアルタイムに閲覧するためには、相手のアカウントをフォローします。反対に、自分のアカウントをフォローしている人（フォロワー）のタイムラインには、自分のツイートがリアルタイムに反映されます。公開されているアカウントであれば、誰でもフォローすることができるため、興味のあるアカウントをたくさんフォローして、ほしい情報をすばやく入手できます。下図のようにPythonの開発運営団体や著名人などもアカウントを開設しているため、専門性の高い情報や最新のトレンドなども、思いのままに把握できます。

　また、ツイートにリプライ（返信）したり、「いいね」というリアクションを付けたり、ほかのユーザーのツイートをリツイート（再投稿）したりする機能もあります。自分のツイートに対しても、ほかのユーザーたちが「いいね」を付けてくれたり、リツイートしてくれたりするため、仲間たちとの双方向のつながりを感じられます。

図02 Pythonのアカウント

Twitter APIとは

　Twitter の概要について確認したところで、Twitter の API について見ていきましょう。世界中で利用されている Twitter の API では、どのような情報を共有することができるのでしょうか。Twitter の API についての Web ページ（https://help.twitter.com/ja/rules-and-policies/twitter-api）にアクセスすると、Twitter データの利用についての詳細を確認できます。

図03　Twitter の API についての Web ページ

■ 利用できる情報や機能の種類

　Twitter API で利用できる情報や機能の種類は、以下の 5 つに分けられます。

・アカウントと利用者
　アカウントのフォロー数やフォロワー数などのデータを取得することができます。また、プロフィールのデータを設定することも可能です。

・ツイートと返信
　Twitter API を通してツイートや返信を行えるようになります。また、ツイートの内容などを特定のキーワードで検索して見ることができます。

・ダイレクトメッセージ

　Twitterでは、特定のユーザーに個別でメッセージを送ることができます。これを**ダイレクトメッセージ**と呼びます。特定のアプリケーションへ明示的に許可を与えているユーザーに対して、ダイレクトメッセージを送ることができます。

・広告

　企業がTwitterで広告キャンペーンを作成したり、管理したりできるようなツール（Sprinklr）なども含めて提供しています。ユーザーがいつも検索しているトピックや関心ごとを特定して、適切なユーザーに対して広告を表示できるようにしています。最近では個人のWebサイトなども広告として掲載されています。

・パブリッシャーツールとSDK

　フォローしているアカウントのツイートが表示されるタイムラインや、共有ボタンなど、Twitterのコンテンツを Webページに埋め込むツールなどを提供しています。

この章で利用するTwitter APIのデータ

　このように、Twitter APIでは数多くの情報や機能を共有できます。自身でサービスを作成するときに、適切なデータの種類を使って開発していくことが重要になってきます。この章で作るプログラムでも、Twitter APIを利用します。具体的には、ツイートの内容を、特定のキーワードで検索して取得するTwitter APIです。詳細は次のSTEP 3以降で解説します。

■ APIを使うときの注意点

　Twitter以外にも多くのサービスでWeb APIを提供しています。その際にしっかり確認するべきなのは、利用規約やポリシーです。Twitterでは、ルールとポリシーについてのWebページ（https://help.twitter.com/ja/rules-and-policies#twitter-rules）が設けられており、多くの開発者がTwitter APIを有効に利用できるように、一人の開発者が利用できるTwitter APIのデータ通信量に制限をかけていることや、国によって表示制限が異なることなど、多くの説明があります。すべてを理解することがいちばんですが、自身の利用に関係する項目には必ず目を通し、ルールを守って利用してください。もし、運営側からルールを破ったと判断された場合、Twitter APIの利用ができなくなる恐れがあります。

ツイートを検索するプログラムを作ろう

ここから実際に、Twitter API を利用してツイートを検索するプログラムを作成していきます。まずは、具体的にどのようなプログラムをどう作成していくのかを確認しておきましょう。必要なライブラリについても確認します。

どのようなプログラムを作るのか？

この章で作成するプログラムは、特定のキーワードを含むツイートを取得する Twitter API の機能を利用した、下図のようなアプリケーションです。自分でキーワードを入力して検索すると、そのキーワードを含む 10 のツイートが表示されるものです。

図01 作成するアプリケーション

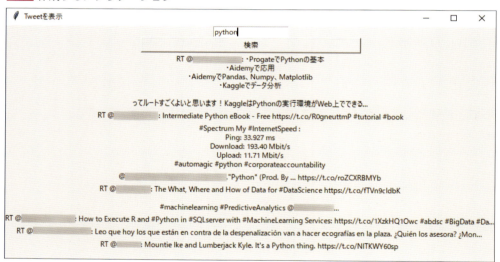

■ アプリケーションの画面設計

作成するアプリケーションの画面設計をより詳しく確認していきましょう。画面の最上部にキーワードの入力フォームがあり、その下に「検索」と表示された検索ボタンを配置します。そしてその下にラベルを配置し、中央揃いで検索したツイートの文字列を並べるようにします。

なお、検索ボタンを押すごとに、下のツイートを表示しているラベルの内容が更新されるようにします。

図02 アプリケーションの画面構成

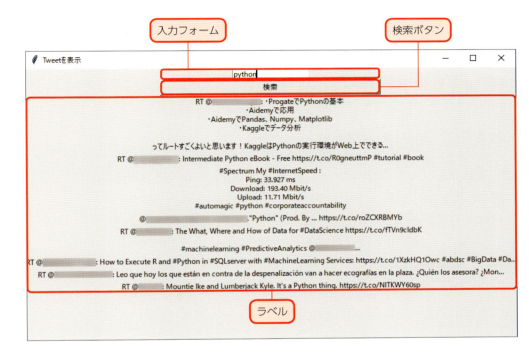

■ 利用するライブラリ／モジュール

　今回作成するプログラムでは、新しくウィンドウを作成し、入力フォームや検索ボタンなどを配置します。そのために必要なのは、P.190〜191で解説したtkinterモジュールです。また、HTTP／HTTPS通信を行うため、P.202〜205で解説したurllibライブラリも必要となります。そのほかに、アクセストークンも含めた通信のために新しいライブラリも利用しますが、ダウンロードから解説するため安心してください。

■ 作成の手順について

　プログラムの作成の流れを確認しましょう。まず、Twitter APIの利用者登録を行います。その際に、アクセストークンを作成します。続いて実際に開発に移りますが、Twitter APIの機能をどうやって使うのかを説明する説明書を読み解きながら、特定のキーワードを含むツイートを取得するプログラムを作成します。そのうえで、入力フォームや検索ボタンを作成し、自由にキーワードで検索できるようにします。

STEP 4 Twitter API から通信許可をもらおう

Web APIを提供する側は、サービスの運営にかかわる事件が起こらないように、どのような人がそれを利用するのかを知っておかなければなりません。そのためまず利用者登録が必要です。アクセストークンもあわせて作成します。

TwitterでAPIの利用者登録をしよう

　Web APIを提供するサービスは、自身のサービスを適切に運営していくためにも、誰が自分たちのサービスのWeb APIを利用しているかを把握する必要があります。そのため、Web APIを利用するためには、開発者の利用者登録をしなければならないサービスが多くあります。Twitterもまた同様に、利用者登録として、アカウント作成とアプリケーション登録が必要です。

　このSTEPでは、Twitter APIを利用するためのアプリケーション登録の方法と、APIを利用するときに使用するアクセストークンの作成方法について解説します。

■ アカウント作成する

　Twitterのアカウントが必要となるため、アカウントを所有していない場合は、アプリケーション登録の前にアカウントを作成しましょう。アカウント作成ページ（https://twitter.com/i/flow/signup）にアクセスし、名前と電話番号を入力して作成します。

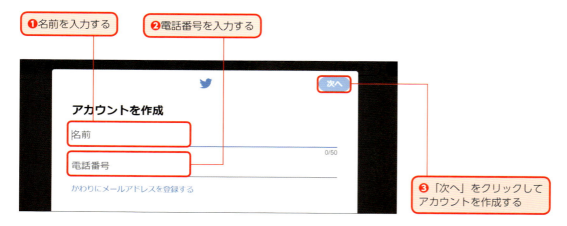

286

■ API利用のための開発者アカウントを登録する

　アカウントを作成してTwitterにログインしたら、Twitter の API を利用するための開発者アカウントの登録ページ（https://developer.twitter.com/en/apply/user/）にアクセスし、「Continue」をクリックして、画面の指示に従って情報登録をしましょう。

❶「Continue」をクリックする

❷「I am requesting access for my own personal use」（個人用途で利用する）をクリックする

❸自分のTwitterアカウントを入力する

❹自分の国（「japan」など）を選択する

❺「Continue」をクリックする

> **MEMO ◆ Twitter API の変更**
>
> 2018年8月にTwitterは、APIを「User Streams API」から「Account Activity API」に変更しました。大きく異なるのは、無制限だったリアルタイムでのタイムラインの取得に回数制限が適用されたことです。これにより今までTwitter APIを利用していたサードパーティと呼ばれるサービスに大きな影響を与えました。また、開発者アカウントの登録時に利用目的などを明記して申請しなければならなくなりました。

■ 登録理由を記入する

　次の画面では、開発者として Twitter API を利用する理由を、大まかなカテゴリから選択し、300 字以上で説明する必要があります。ここでは、「Python のプログラムを勉強しており、ツイートを検索するアプリケーションやツイートを投稿するアプリケーションを作成する予定で、どちらともプロトタイプとなります」という趣旨の説明を英語で書きましょう。

　なお、画面下部では、作成したサービスで得た情報などを Twitter や政府に送るかを訊かれますが、今回はプロトタイプでその必要はないため、「No」を選択しておきましょう。

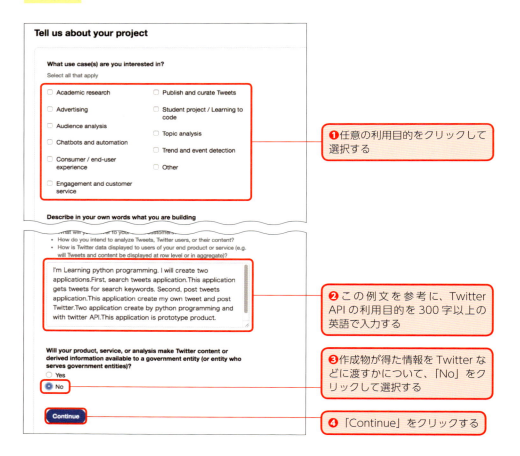

■ 利用規約に同意する

　次の画面では、Twitter API の利用規約について同意します。利用規約を最後までスクロールして読まないと、同意のチェックボックスやボタンが有効にならないため注意してください。

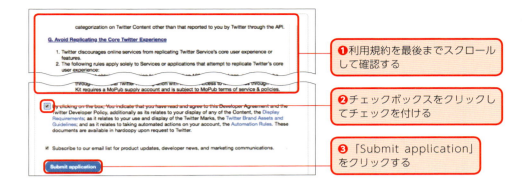

■ メールアドレスの確認

上記の手順を終えるとアカウントに登録してあるメールアドレスなどに確認の連絡が届きます。メール上の「Confirm your email」をクリックすると、開発者アカウントの登録が完了します。

■ アプリケーション登録をはじめる

ログイン後に、Twitterのアプリケーション登録用のページ（https://developer.twitter.com/en/apps）にアクセスし、アプリケーションの情報を登録しましょう。アプリケーション登録を一度もしていない場合、下図のような画面が表示されるので、「Create an app」をクリックします。

次の画面で登録が必須となる内容は、下記のとおりです。
- App name：アプリケーションの名前（32字以内）
- Application description：アプリケーションの内容（200字以内）
- Website URL：アプリケーションのWebサイトのURL
- Tell us how this app will be used：アプリケーションの利用目的

今回の登録情報は、下図のようにします。ただし、App name はほかのユーザと重複するとエラーになるため、「ユーザー名_tweet_search」にしてください。

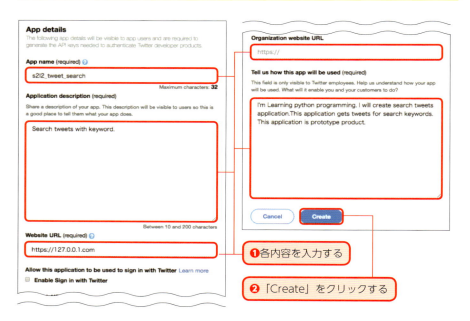

登録が完了すると、下図のアプリケーションページに進み、Twitter API を使うための情報を見ることができます。

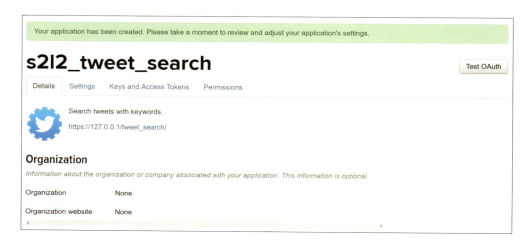

■ 電話番号を登録していない場合

　Twitter のアカウントを作成する際、電話番号ではなくメールアドレスを使用していると、下図のようなエラーが表示されます。この場合、==電話番号を登録する必要があります。==

> Error
> You must add your mobile phone to your Twitter profile before creating an application. Please read https://help.twitter.com/managing-your-account/how-to-add-a-phone-number-to-your-account for more information.

　電話番号の登録ページ (https://twitter.com/settings/add_phone) にアクセスし、電話番号を追加するとアプリケーションの登録を完了することができます。なお、もし「電話番号を登録できませんでした。再度お試しください」と表示された場合、==Web ページを更新してから、再度登録を行ってください。==

❶電話番号を入力する

モバイル
スマートフォンやタブレットでTwitterを使う。

電話番号を追加
この電話番号に認証用コードを送信します。SMS基本使用料がかかる場合があります。

国/地域　　日本
携帯の電話番号　+81

続ける

❷「続ける」をクリックして登録する

■ アクセストークンを作成する

　アプリケーション登録が完了したら、次に Twitter API を使うためのアクセストークン (Access Token) を作成しましょう。アプリケーションページのアプリケーション名のすぐ下にある「Keys and Access Tokens」をクリックします。==「Application Settings」ページに進むと、「Consumer Key (API Key)」や「Consumer Secret (API Secret)」が表示されます。==

第10章　実践プログラムの作成

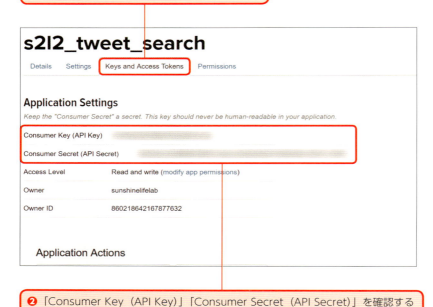

❶「Keys and Access Tokens」をクリックする

❷「Consumer Key（API Key）」「Consumer Secret（API Secret）」を確認する

　Twitter APIを利用するときに、Consumer Keyはほかのユーザーが知ることができますが、Consumer Secretはユーザーにとってのパスワードのようなもののため、決して誰にも知られないようにしてください。

　このWebページを下方向にスクロールすると、下図のように「Your Access Token」という項目があり、ここでアクセストークンを作成することができます。「Create my access token」をクリックしてアクセストークンを作成しましょう。

❶「Create my access token」をクリックする

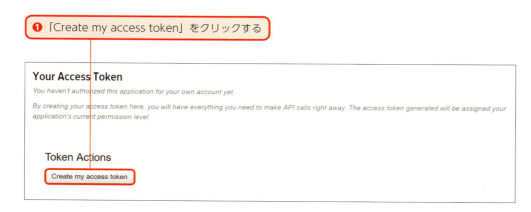

　正常にアクセストークンの作成が完了した場合、次のように「Status」が表示されて、同じ「Application Settings」ページが表示されます。

> **Status**
> Your application access token has been successfully generated. It may take a moment for changes you've made to reflect.
> Refresh if your changes are not yet indicated.

　このWebページを下方向にスクロールすると、先ほどまでなかった「Access Token」でアクセストークンが確認できます。また、「Access Token Secret」でパスワードも確認できます。これでTwitter APIを利用する準備が完了しました。

❶「Access Token」「Access Token Secret」を確認する

Your Access Token
This access token can be used to make API requests on your own account's behalf. Do not share your

Access Token	
Access Token Secret	
Access Level	Read and write
Owner	sunshinelifelab
Owner ID	860218642167877632

■ アプリケーション情報を変更／削除する

　登録したアプリケーション情報を変更／削除することもできます。アプリケーションの情報を変更するには、アプリケーションページで「Setting」をクリックします。アプリケーションを新規作成したときと同じような画面に進んだら、「Name」や「Description」などを変更しましょう。

　アプリケーション情報を削除するためには、アプリケーションページで「Details」をクリックしましょう。下方向にスクロールすると表示される「Delete Application」をクリックすると削除されます。

■ アクセストークンを削除する

　アクセストークンを削除するには、アプリケーションページで「Keys and Access Tokens」をクリックします。下方向にスクロールすると表示される「Revoke Token Access」をクリックすると削除されます。

Twitter APIでツイートを取得するアプリケーションを作ろう

Twitter APIには、さまざまな機能があり、それぞれに使い方があります。それぞれの使い方を示したドキュメントがあるため、まずはこのドキュメントを読んで、ツイートを取得する方法を調べてから利用しましょう。

ツイートを取得する方法を調べる

　これまでに解説してきたように、Twitter APIはさまざまな機能・情報を提供しています。それぞれの機能・情報は、基本的には指定されたURLにアクセスすることで利用できますが、オプションの機能・情報も数多くあります。そのため、Twitter APIを利用したい開発者に向けた「ドキュメント」と呼ばれる解説書が用意されています。ドキュメントのWebページでドキュメントを確認できるため、アクセスしてTwitter APIの使い方を調べましょう。

■ ツイートの取得方法を調べる

　ドキュメントのWebページ（https://developer.twitter.com/en/docs.html）にアクセスするとカテゴリ別に項目が分かれていることが確認できます。ここで、「Search Tweets」の「Learn more」をクリックして、ツイートの取得方法について調べましょう。「Search Tweets」が確認できない場合は、「Search Tweets」ページ（https://developer.twitter.com/en/docs/tweets/search/overview）を直接開きましょう。

❶「Search Tweets」の「Learn more」をクリックする

294

「Search Tweets」ページが表示できたら、「API Reference」をクリックしましょう。続いて、「Standard search API」をクリックしましょう。ページの中に「Standard search API」が確認できない場合は、「https://developer.twitter.com/en/docs/tweets/search/api-reference/get-search-tweets」に直接アクセスしてください。

❶「API Reference」をクリックする

❷「Standard search API」をクリックする

■ ドキュメントの読み方

「Standard search API」ページを表示できたら、下方向にスクロールして各項目の内容を確認しましょう。それぞれの項目では、下記の内容について説明されています。

・Standard search API
どのようなことができるのかなど、APIの概要が説明されています。後述しますが、利用する際にオプションを設定することができ、その値について少し触れられています。

・Resource URL

APIを利用するためのURLが記述されています。APIは常に更新されており、バージョンもURLの中に盛り込まれている場合があるため、最新のURLを正しく使用するようにしましょう。

・Resource Information

APIを利用する際の注意点などが説明されています。指定の時間内にどれだけこのAPIを利用できるのかが明記されている場合もあるので、必ず確認しましょう。たとえば、「Requests／15-min window（user auth）180」と書かれていれば、「15分間に180回までユーザー認証をリクエストできる」ということを意味します。

・Parameters

APIのURLの最後に「?」を付けることで、オプションとなるパラメータを設定することができます。今回であれば、検索のキーワードなどもこのパラメータに該当します。

図01 パラメータ表の見方

項目名	内容
Name	URLで利用する際のパラメータ名です。
Required	必須（Required）か任意（optional）かを示しています。
Description	パラメータの概要を説明しています。
Default Value	設定しなかった場合、デフォルトで入る値です。デフォルトの値がない場合もあります。
Example	出力例を紹介しています。

・Example Requests

APIのURLの利用例を表示しています。ここで、パラメータがどのように使われているのかを確認することができます。また、コピーして実際に使ってもよいでしょう。

・Example Response

「Example Requests」の例を利用したときに返ってくるデータを表示しています。どのような形式／配列で返ってくるのかをよく確認しておきましょう。

■ 取得するツイートの内容を確認する

「Resource URL」で、APIを利用するためのURLを確認してみましょう。URLは「https://api.twitter.com/1.1/search/tweets.json」であるため、JSONデータが返ってくることがわかります。また、「Resource Information」にリクエスト回数の制約などが書かれていますが、今回はユーザーが検索キーワードを入力するだけのアプリケーションのためあまり影響はなく、無視して構いません。

「Parameters」では、下記のパラメータを利用します。
- q：検索キーワードです。
- count：返ってくるツイートの値の数です。今回は、10とします。

ツイートを取得する

ここから、実際にツイートを取得するプログラムを作成していきます。まずは使用するライブラリ・モジュールを確認しましょう。今回のアプリケーションでは、「urllib」や「tkinter」、「json」以外にも利用するライブラリ・モジュールが存在します。そのうちの「requests」と「requests_oauthlib」はダウンロードして利用します。Twitter APIのみを対象として利用できるライブラリには「python-twitter」や「tweepy」などたくさんありますが、今回はほかのAPIでも利用できそうな汎用的なライブラリを選択しました。

■ requestsライブラリ

requestsライブラリは、Webでの情報のやり取りに必要なHTTP／HTTPS通信をするためのライブラリです。「urllib」も同じ機能のライブラリですが、今回のアプリケーションでは、こちらを利用します。詳細については「http://docs.python-requests.org/en/master/」を参照してください。

■ requests_oauthlibライブラリ

requests_oauthlibライブラリは、Twitter APIの「OAuth（オーオース）認証」のために利用します。OAuth認証とは、アクセス権限の認可を行うためのプロトコルのことです。requestsライブラリを開発したところと同じチームが提供しています。詳細については「http://docs.python-requests.org/en/master/user/authentication/」を参照してください。

■ ライブラリをダウンロードする

　pip コマンドを使って、requests ライブラリと requests_oauthlib ライブラリをダウンロードしましょう。PowerShell を開いて、下記のように pip コマンドを入力すると、2 つのライブラリを同時にダウンロードできます。

> PowerShell
>
> PS C:¥Users¥ ユーザー名 > pip install requests requests-oauthlib ⏎

図02 ダウンロード中の画面

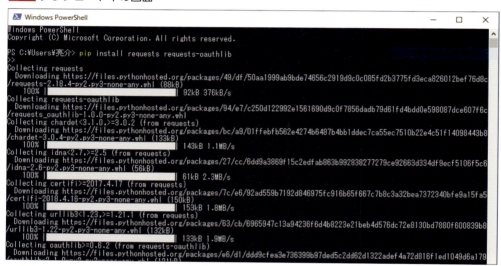

　ダウンロードが完了したら、確認のために下記の pip コマンドを入力しましょう。

> PowerShell
>
> PS C:¥Users¥ ユーザー名 > pip list ⏎

❶「requests」と「requests_oauthlib」があることを確認する

■ ツイートを取得するプログラムを作成する

　それでは、実際にツイートを取得するプログラムを作成します。まずは、<mark>「テスト」というキーワードで1つのツイートを検索するプログラムから作りましょう。</mark>新しくスクリプトファイル「search_tweets.py」を作成して、次のプログラムを記述しましょう。詳細なプログラムの解説はP.300にて行いますが、プログラム中の「#」では、コメントとして各部の内容を紹介しています。「consumer_key」「consumer_key_secret」「access_token」「access_token_secret」はP.292～293を確認してください。

DATA search_tweets.py

```python
from requests_oauthlib import OAuth1Session, OAuth1
import json
import requests
import urllib

# 検索文字列設定
keyword = urllib.parse.quote_plus("テスト")

#APIキー情報設定
consumer_key = "自分のconsumer_key"
consumer_key_secret = "自分のconsumer_key_secret"
access_token = "自分のaccess_token"
access_token_secret = "自分のaccess_token_secret"

#Twitter APIアクセス
url = "https://api.twitter.com/1.1/search/tweets.json?count=1&q=" + keyword
auth = OAuth1(consumer_key, consumer_key_secret, access_token, access_token_secret)
response = requests.get(url, auth = auth)
data = response.json()['statuses']

print(data)
```

- キーワード「テスト」を変数「keyword」に代入
- APIキーやアクセストークンなどをそれぞれ変数に代入
- requests.get()関数で変数「response」にJSONデータを返し、jsonモジュールで見やすくして変数「data」に代入

■ プログラムの解説

　このプログラムでは、新しくダウンロードした requests_oauthlib ライブラリの、「OAuth1」「OAuth1Session」というモジュールを使用しています。検索キーワード「テスト」を変数「keyword」に代入し、API キーやアクセストークンなどもそれぞれ変数に代入しています。API の URL となる「https://api.twitter.com/1.1/search/tweets.json」のあとにパラメータを設定しており、検索キーワードは「q=keyword」、ツイートを取得する数は「count=1」としています。これらを requests.get() 関数に入れることで、変数「response」に JSON データが返ってきます。これを json モジュールを使って見やすくして、変数「data」の中に代入しています。保存して実行すると、下記のように Twitter API で取得したデータを見ることができます。

> **IDLE プログラム実行画面**
>
> ```
> RESTART: C:/Users/〜/search_tweets.py
> [{'created_at': 'Sun Jun 10 17:49:28 +0000 2018', 'id':
> ******************, 'id_str': '*******************',
> 'text': ' 生徒会役員は赤点常習犯でもなれるって赤点常習犯だった同世代
> の元会長が言ってた ¥n 上の代の会長は異様にテストの点数良かったけど ',
> 'truncated': False, 'entities': {'hashtags': [], 'symbols':
> [], 'user_mentions': [], 'urls': []}, 'metadata':
> {'iso_language_code': 'ja', 'result_type': 'recent'},
> 'source': '<a href="http://twitter.com/download/iphone"
> rel="nofollow">Twitter for iPhone</a>', 'in_reply_to_
> status_id': None, 'in_reply_to_status_id_str': None, 'in_
> reply_to_user_id': None, 'in_reply_to_user_id_str': None,
> 'in_reply_to_screen_name': None,
> (中略)
> 'geo': None, 'coordinates': None, 'place': None,
> 'contributors': None, 'is_quote_status': False, 'retweet_
> count': 0, 'favorite_count': 0, 'favorited': False,
> 'retweeted': False, 'lang': 'ja'}]
> ```

■ 文字コードでエラーが出た場合

なお、ここで下記のようなエラーが発生する可能性があります。

> **IDLE プログラム実行画面**
> ```
> RESTART: C:/Users¥ 〜 /search_tweets.py
> Traceback (most recent call last):
>   File "C:¥Users¥ 〜 ¥search_tweets.py", line 24, in <module>
>     print(data)
> UnicodeEncodeError: 'UCS-2' codec can't encode characters
> in position 145-145: Non-BMP character not supported in Tk
> ```

利用できない文字コードが入っていることによるエラーメッセージ

　このエラーは、ツイートの中に IDLE で実行する際に利用できない文字コードが入っている場合に発生します。このような場合は、PowerShell を開いてプログラムを実行しましょう。IDLE プログラム実行画面の、「RESTART:」に続く「C:¥Users¥ 〜 ¥search_tweets.py」をコピーし、PowerShell で下記のように、「python」のあとに貼り付けて実行しましょう。

> **PowerShell**
> ```
> PS C:¥Users¥ ユーザー名 > python C:¥Users¥ 〜 ¥search_tweets.py ⏎
> ```

図03 PowerShell での実行

　これで、エラーにならずに実行されます。なお、このエラーについては、P.303 〜 304 で対処します。

　さて、これで多くのデータが取得できたことはわかりましたが、このままでは何をしているのかわかりませんね。次の STEP 6 では、このデータの中からツイートの内容を抽出してきれいに表示させていきます。

Twitter APIで取得したデータをきれいに表示しよう

STEP 6

Twitter APIでツイートのデータを取得できました。しかし、取得したJSONデータすべてを表示している状態のため、内容がよくわかりません。JSONデータの中身を確認し、ツイートのみをtkinterモジュールを使って表示しましょう。

取得したデータの中身を確認して表示する

　STEP 4でツイートのJSONデータを取得することができました。しかし、受け取ったデータをそのまま表示しているだけなので、アプリケーションとしては未完成の状態です。そこでこのSTEPで、データの中身を確認し、ツイートのみを表示させるように改良します。また、tkinterモジュールを利用して、下図のようにツイートを作成したウィンドウ上に並べるようにしましょう。

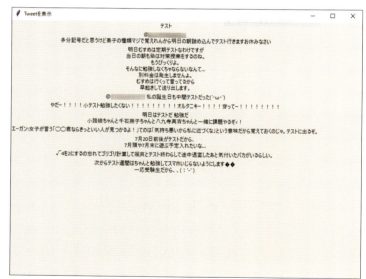

図01
ツイートをウィンドウ上に表示する

■ JSONデータの中身を調べる

　P.295で解説した「Standard search API」ページには「Example Response」がありました。その中を見てもわかるように、データの中の本当にほしいツイート情報は、「"text"」の中にあります。

302

図02「Example Response」の「"text"」部分

```
Example Response

{
    "statuses" : [
        {
            "created_at" : "Sun Feb 25 18:11:01 +0000 2018" ,
            "id" : 967824267948773377 ,
            "id_str" : "967824267948773377" ,
            "text" :
"From pilot to astronaut, Robert H. Lawrence was the first African-American to be selected as an a
stronaut by any na… https://t.co/FjPEWnh804"
            ,
            "truncated" : true ,
            "entities" : {
                "hashtags" : [],
                "symbols" : [],
                "user_mentions" : [],
                "urls" : [
```

そこで、==取得したデータの中の「"text"」の部分のみを表示するようにプログラムを変更します。==下記のようにプログラムを変更しましょう。

DATA search_tweets.py

```
（前略）
response = requests.get(url, auth = auth)
data = response.json()['statuses']

for tweet in data:
    print(tweet["text"])
```

変数「data」の「"text"」の部分のみを出力

IDLEでプログラムを実行してみると、下記のようにツイートのみの結果が出力されます。これで変数「data」の中の「"text"」の部分のみを表示することができました。

IDLE プログラム実行画面

```
RESTART: C:/Users/～/search_tweets.py
Ki-32 テストフライト
```

■ 文字コードを置換する

P.301で解説した文字コードのエラーが、今回も出る可能性があります。==文字コードのエラーを回避するため、さらにプログラムを変更しましょう。==

```
search_tweets.py
```
（前略）
```
data = response.json()['statuses']
change_char = dict.fromkeys(range(0x10000, sys.maxunicode + 1), 0xfffd)    ← キーの文字コードを指定

for tweet in data:
    print(tweet["text"].translate(change_char))    ← ツイートの文字列に変換
```

　「dict.fromkeys()」でキーの文字コードを指定しており、16進数の「0x10000」から「sys.maxunicode + 1」までの文字コードを、「0xfffd」に変換するという内容です。「sys.maxunicode」は、IDLEが表示できる文字コードの限界番号で、この番号よりも大きい文字コードだと今回のエラーが表示されてしまうため、IDLEで表示できる記号が割り当てられている「0xfffd」に変換し、変数「change_char」に割り当てているのです。そのうえで、文字の変換を行うtranslate()関数で、ツイートの文字列に変換しています。これで、文字コードのエラーは発生しなくなります。

ウィンドウを作成して表示する

　tkinterモジュールを利用し、ツイートをウィンドウの中で表示しましょう。まずは、モジュールの読み込みとウィンドウの新規作成を行います。

```
search_tweets.py
```
（前略）
```
import urllib
import sys          ← sysモジュールとtkinter
import tkinter      　モジュールを読み込み


#tkinterでウィンドウを新規作成
window = tkinter.Tk()                    ← ウィンドウを作成してタイ
window.title(u'Tweetを表示')              　トルを指定
```
（後略）

次に、==ラベル（label）としてツイートをウィンドウに表示させます。==プログラムを下記のように変更してください。

DATA search_tweets.py

```
（前略）
data = response.json()['statuses']
change_char = dict.fromkeys(range(0x10000, sys.maxunicode + 1), 0xfffd)

for tweet in data:
    label = tkinter.Label(window, text=tweet["text"].translate(change_char))
    label.grid()

window.geometry('800x600')
window.mainloop()
```

- 変数「label」にツイートのデータを入れて表示
- ウィンドウサイズを指定

　保存して実行すると、ウィンドウが新しく開いてツイートが表示されます。なお、ツイートの内容によっては、画面の横幅が足りないかもしれません。==好みで「window.geometry()」のカッコ内の値を変更し、ウィンドウサイズを調節してください。==

■ 複数のツイートを表示させる

　現状では、表示されるツイートが1個の状態です。これを10個のツイートを取得して表示するようにしましょう。==APIのURLで指定したパラメータの「count=1」を「count=10」に変更して再度実行しましょう。==表示されるツイートが10に増えます。

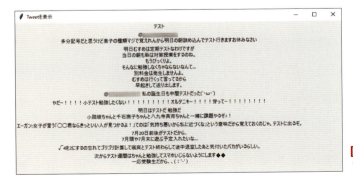

図02
10のツイートが表示される

STEP 7 検索キーワードを自分で入力できるようにしよう

10のツイートを取得してウィンドウで表示することができました。しかし、まだ検索キーワードがプログラムの中に埋め込まれた形になっています。ウィンドウ上で検索キーワードを入力できるように改良しましょう。

検索キーワードを入力できるようにする

　ツイートのJSONデータの中身からツイートのテキストデータを取り出して、ウィンドウ上に表示させられるところまでできました。しかし、今までの検索キーワードはプログラムに埋め込まれた「テスト」のみです。そこでこのSTEPでは、==ユーザーがキーワードを入力する入力フォームと、検索を開始する検索ボタンを作成します==。

図01 作成する入力フォームと検索ボタン

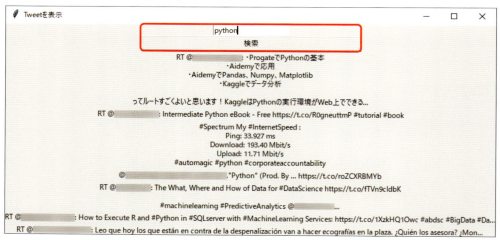

■ tkinterモジュールで入力フォームを作成する

　tkinterモジュールは、ウィンドウやテキストを表示できるだけでなく、==ユーザーが入力する入力フォームを配置することもできます==。また、==入力された文字をプログラムで取得することもできる==ため、今回の検索キーワードの入力とその取得には、tkinterモジュールを使うことにします。プログラムに次の赤字部分を追加してください。

306

DATA search_tweets.py

```
（前略）
for tweet in data:
    label = tkinter.Label(window, text=tweet["text"].translate(change_char))
    label.grid()


#tkinterの入力フォーム作成
search_form = tkinter.Entry()　　←「tkinter.Entry()」で入力フォームを作成
search_form.pack()　　←「pack()」で配置
（後略）
```

　保存して実行すると、下図のように新しく入力フォームが作成されます。次に、入力フォームに最初から値を入れるようにします。今回は、<mark>「テスト」というキーワードが最初から入力されている状態にします。</mark>

図02 作成された入力フォーム

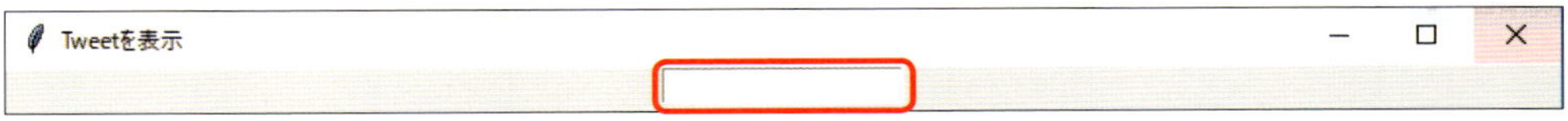

DATA search_tweets.py

```
（前略）
#tkinterの入力フォーム作成
search_form = tkinter.Entry()
search_form.insert(tkinter.END,"テスト")
search_form.pack()　　←「insert()」で最終行（END）に「テスト」を挿入
（後略）
```

　保存して実行すると、下図のように入力フォームに「テスト」というキーワードが最初から入力されている状態になります。

図03 最初から入力される「テスト」

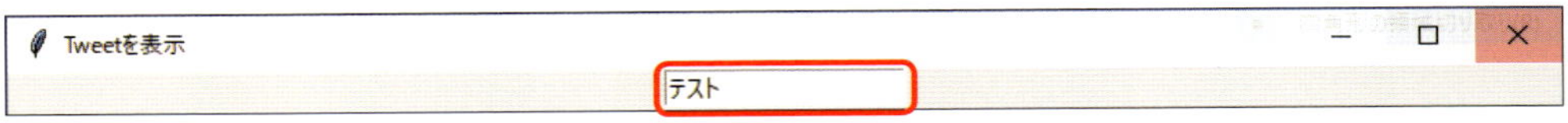

検索ボタンで検索できるようにする

■ tkinterモジュールで検索ボタンを作成する

　検索キーワードの入力ができたので、ボタンを配置して検索ボタンを作成しましょう。「tkinter.Button()」でボタンを作成できます。このとき、カッコ内の「text=」でボタン上に表示するテキストを指定できます。また、カッコ内の「width=」で横幅を指定できます。ボタンを作成したあと、入力フォームのときのように「pack()」で配置します。プログラムに下記の赤字を追加してください。

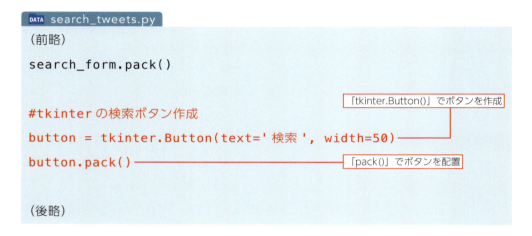

```
search_tweets.py
（前略）
search_form.pack()


#tkinterの検索ボタン作成
button = tkinter.Button(text=' 検索 ', width=50)
button.pack()


（後略）
```

　保存して実行すると、下図のように、入力フォームの下に検索ボタンが配置されます。上記のプログラムでは検索ボタンの幅を「50」にしていますが、検索ボタンの横幅が適切でない場合は、「width=」の数値を変えて調節してみてください。

図04 作成された検索ボタン

■ ツイートの取得を関数化する

　検索ボタンを配置できたので、検索ボタンのクリック時にツイートを表示するようにします。まずは、ツイートを取得する部分を関数にします。

DATA search_tweets.py

```
（前略）
#Twitter API アクセス
def search_tweets(event):          ── search_tweets()関数を定義
    word = search_form.get()       ── 値を取得して変数「word」に代入
    url = "https://api.twitter.com/1.1/search/tweets.json?count=10&q=" + word
    auth = OAuth1(consumer_key, consumer_key_secret, access_token, access_token_secret)
    response = requests.get(url, auth = auth)
    data = response.json()['statuses']
    change_char = dict.fromkeys(range(0x10000, sys.maxunicode + 1), 0xfffd)

    for tweet in data:
        label=tkinter.Label(window, text=tweet["text"].translate(change_char))
        label.pack()               ── 変数「label」を「pack()」で配置
（後略）
```

　「def」で定義したsearch_tweets()関数の引数は、この後検索ボタンを使うために必要なものです。また、get()関数は値を取得するもので、この関数を使って入力フォーム「search_form」の内容を取得し、変数「word」に代入しています。なお、「#検索文字列設定」の1行のコードは不要になるため削除しましょう。また、インデントの変更にも注意しましょう。

■ 検索ボタンのクリック時にツイートを表示する

　次に、作成したsearch_tweets()関数に、ボタンのクリック動作をひも付けます。tkinterモジュールのボタンには、左クリック、右クリックなどに対応した番号があり、左クリックには「<Button-1>」が割り当てられているため、これを指定します。次のように「bind()」を利用して、コードを変更してください。

> **DATA** search_tweets.py

```
（前略）
#tkinterの検索ボタン作成
button = tkinter.Button(text=' 検索 ', width=50)
# 左クリック（<Button-1>）でsearch_tweets()関数を呼び出す
button.bind("<Button-1>",search_tweets)
button.pack()
（後略）
```

「bind()」で「<Button-1>」とsearch_tweets()関数をひも付ける

　保存して実行しましょう。入力フォームにキーワードを入力し、検索ボタンをクリックすると、キーワードを含むツイートが検索ボタンの下に10個並べられます。

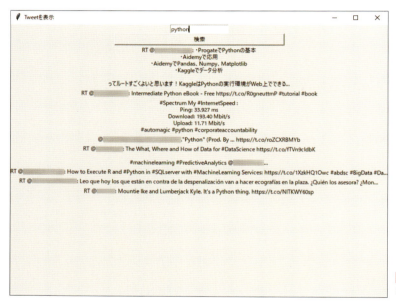

図05
検索ボタンによるツイートの表示

ラベルを更新してツイートを表示する

　アプリケーションの動作がある程度完成しました。しかし、検索ボタンをさらにクリックすると、下にツイートがどんどんと並べられていき、すぐに見えなくなります。そこで、==ラベルに表示できるツイートを10個に限定し、検索ボタンをクリックするとラベルが更新されるように変更します==。

■ プログラム開始時にラベルを10個配置する

　現状では、search_tweets() 関数を実行するごとに、ラベルを表示するようになっています。これを改良し、<mark>プログラム開始時に、10個のラベルが配置されているようにします。</mark>

図06 10個のラベルの配置

DATA search_tweets.py

```
（前略）
button.bind("<Button-1>",search_tweets)
button.pack()

#tkinter のツイート表示用ラベルの作成
label_array = [tkinter.Label(window, text=" ツイート {}".format(i)) for i in range(10)]
for i in range(10):
    label_array[i].pack()
（後略）
```

変数「label_array」のリストにラベルを10個入れて表示

　<mark>for 構文を利用して、変数「label_array」のリストにラベルを10個入れて、表示するようにしています。</mark>しかし現状では、検索ボタンをクリックするとこの下にツイートが追加される形で表示されてしまいます。

■ 対応したラベルを更新する

　<mark>検索ボタンをクリックすると、先ほど作成した10個のラベルの内容を更新するようにします。</mark>search_tweets() 関数の変数「label」の for 構文を、下記のように修正しましょう。

DATA search_tweets.py

```
（前略）
#Twitter API アクセス
def search_tweets(event):
    word = search_form.get()
    url = "https://api.twitter.com/1.1/search/tweets.json?count=10&q=" + word
    auth = OAuth1(consumer_key, consumer_key_secret, access_token, access_token_secret)
    response = requests.get(url, auth = auth)
    data = response.json()['statuses']
    change_char = dict.fromkeys(range(0x10000, sys.maxunicode + 1), 0xfffd)

    for i, tweet in enumerate(data):
        label_array[i].configure(text = tweet["text"].translate(change_char))

#tkinter の入力フォーム作成
（後略）
```

「configure()」で「text」を変更

「configure()」のカッコ内の「text」を変えることで表示を更新できるしくみです。保存して実行し、入力フォームの内容を変えてボタンを押すと、ラベルの内容が更新されることが確認できます。これでアプリケーションは完成です。

図07
アプリケーションの完成

STEP 8 ツイートを投稿するアプリケーションを作ろう

最後に、Twitter の主となる機能である、ツイートの投稿ができるアプリケーションを作りましょう。STEP 7 で完成させたアプリケーションを流用し、改変する形で作成することができます。

▍自分のツイートを投稿できるようにする

　STEP 7 では、検索キーワードでツイートを取得して表示するアプリケーションを完成させました。このアプリケーションは、主にデータを取得するだけのものでした。しかし、Twitter でもっとも重要な機能は、自分のツイートを投稿することです。そこで、これまでのスクリプトファイル「search_tweets.py」を流用して、ツイートをウィンドウ内で行えるように改変しましょう。

■ Twitter APIのドキュメントを確認する

　今回利用する Twitter API の解説ページは、「Post, retrieve and engage with Tweets」（https://developer.twitter.com/en/docs/tweets/post-and-engage/api-reference/post-statuses-update）です。まずはアクセスして内容を確認しましょう。ツイートを投稿するには、データを Twitter 側に渡すことになるため、データをアプリケーション側で作成します。解説ページの「Parameters」を見ると、「status」というパラメータにツイートの内容を入れてデータを渡すと投稿できることが確認できます。

図01
「Parameters」の「status」を確認する

■ アプリケーションの作成

　まずは新しくスクリプトファイル「post_tweet.py」を作成しましょう。もっとも、これまでに作った「search_tweets.py」の内容をかなり使うことができます。読み込むライブラリも同じもので、「window.title()」でウィンドウのタイトルを「Tweetの投稿」に変更しているほかは、「#Twitter APIアクセス」以降の変更のみです。==大きな変更点は、「url」の変更と、if-else構文を使って投稿が正常に行われたか判断する部分の追加です。下記のように赤字の部分を変更しましょう。==

DATA post_tweet.py

```
（前略）
#tkinterでウィンドウを新規作成
window = tkinter.Tk()
window.title(u'Tweetの投稿')
（中略）
#Twitter APIアクセス timeline取得
def tweet_post(event):
    word = search_form.get()
    if len(word) != 0:
        url = "https://api.twitter.com/1.1/statuses/update.json?status=" + word
        auth = OAuth1(consumer_key, consumer_key_secret, access_token, access_token_secret)
        response = requests.post(url, auth = auth)
        if response.status_code == 200:
            print("OK")
        else:
            print(response)
            print("Error: %d" % response.status_code)
    else:
        print('入力なし')
```

「url」を一部変更する

if-else構文で投稿が正常に行われたか判断する

```python
#tkinterの入力フォーム作成
search_form = tkinter.Entry()
search_form.insert(tkinter.END,"")
search_form.pack()

#tkinterのツイートボタン作成
tweet_button = tkinter.Button(text='tweetする', width=50)
tweet_button.bind("<Button-1>",tweet_post)
tweet_button.pack()

window.geometry('400x300')
window.mainloop()
```

ツイートの投稿ボタンを作成して配置

　保存して実行すると、入力フォームと投稿ボタンが配置されたウィンドウが開きます。入力フォームにツイートの内容を入力して投稿ボタンをクリックすると、Twitterに投稿されます。なお、IDLEプログラム実行画面には下記のように正常に投稿できたか表示されます。「OK」が表示されたら投稿完了です。

図02 アプリケーションでの投稿（左）とTwitterでの表示（右）

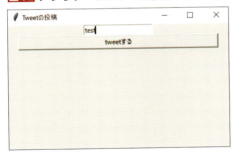 

IDLEプログラム実行画面

```
RESTART: C:/Users/~/timeline_tweet.py
OK
```

　うまく投稿できたでしょうか？　しかしこれは、アプリケーション作りの第一歩です。Twitter APIにはここでは紹介できなかったいろいろな機能があります。ぜひ自分で試行錯誤しながら活用し、オリジナルアプリケーションを作成してみてください。

索引

記号

_	097, 248, 251
,	112, 120, 126
;	080
:	144
!=	090
.	111, 186
'	059, 100, 109
"	100, 109
()	084
[]	084, 120, 134
{}	084, 111, 133
*	088, 115
**	117
/	088
//	088
#	100, 231
%	088
+	087, 114
<	090
<=	090
=	124
==	090, 227
=>	090
>	090
−	087, 122
¥	081, 110
¥n	111

数字

1次元配列	176
2to3	048
2次元配列	175, 176

アルファベット

add	138, 140
AlphaGo	046
and	153
API	276
arange	273
as	189
BGR	270
bind	309
bit数	053
break	165
C#	036
C++	036
cd	062
choice	196
class	242
clear	140
continue	166
copy	133
cos	274
count	124, 129
CPU	031
CSVファイル	256
ctime	200
CUI	040
cv2	265
cv2.IMREAD_GRAYSCALE	267
C言語	034, 036, 047
def	169, 244
del	125, 136
dir	187, 249
discard	140
Dropbox	046
dump	208
dumps	208
Eclipse	042
elif	160, 228
else	157, 167, 228
Excel	032
for	142, 177, 220
format	111
frozenset型	138
geometry	191
get	134, 309
GitHub	037
Google	046
grid	191
GUI	040, 190
help	188
High and Lowゲーム	218
HTTP	202, 278
HTTPS	278
id	241
IDLE	064
IDLEの画面	065
if	150, 157, 226
image.shape	269

import	186
imread	266
imshow	267, 271
in	128, 135, 154
index	123, 128
input	224
intersection	140
items	135
Java	034, 047
JavaScript	036
json	207
JSON	206
keys	135
len	124, 129, 136, 230
mainloop	191
matplotlib	272
newline	263
np.uint8	269
np.zeros	269
numpy	265, 273
OAuth1	300
OAuth1Session	300
OAuth認証	297
Objective-C	036
open	257, 261
OpenCV	264
or	153
pack	307, 308
pass	174, 242
PEP 8	083
Perl	036
PHP	036
pip	212
plot	273
pop	137
PowerShell	041, 056
print	050
PyPI	210
Python	036, 044
Pythonのバージョン	048, 054
Qiita	037
r	257
randint	188, 195
random	186, 192, 222
range	144, 220, 231
read	203
remove	125, 140

requests	297
requests_oauthlib	297
return	173
RGB	270
Ruby	034, 036
self	245
set	138
shape	269
shuffle	197, 222
sin	274
sleep	198
Stack Overflow	037
str型	108
tan	274
time	198
tkinter	190, 304, 306
tkinter.Button	191, 308
tkinter.Label	191
translate	304
tuple	126
Twitter	280
Twitter API	282
type	108
u	190
Unicode	048, 190
uniform	194
union	139
URL	202
urllib	203
urlopen	203
urlretrieve	204
values	135
Visual Studio	042
w	261
Web API	276
while	162, 230, 232
writerow	261
writerows	261

あ行

アクセス制限	247
アクセストークン	279
アクセストークンの削除	293
アクセストークンの作成	291
値	092
アプリケーション情報の変更／削除	293

アプリケーション登録	289	空白の行	263
アルゴリズム	027	組み込み関数	182
入れ子構造	121, 177	組み込み系	036
色	270	クラス	242
インスタンス	243	グラフ	272
インストーラー	054	グレースケール	267
インストール	055	継承	238, 251
インターフェース	030, 276	検索キーワード	306
インタプリタ型言語	036	検索ボタン	306
インタラクティブモード	058	検索ボタンの作成	308
インタラクティブモードの起動	059	現代のプログラム	020
インタラクティブモードの実行	059	高度なプログラム	016
インタラクティブモードの終了	060	コーディング規約	083
インデックス	113, 123	コード	026
インデント	084	コードの作成	073
ウィンドウの作成	304	子クラス	251
上書き保存	072	コマンドプロンプト	040
永久ループ	164	コマンドラインインタプリタ	040
エスケープシーケンス	110	コメント	100, 231
エディタ	039	コンストラクタ	246
エラーメッセージ	102	コンパイラ	040
演算子	086	コンパイラ型言語	036
オープンソース	046		
オブジェクト	236	**さ行**	
オブジェクト指向	236	サクラエディタ	039
親クラス	251	三角関数	274
		三項演算子	159, 221
か行		算術演算子	086
改行	111	時刻	198
開発者アカウント	287	辞書型	132
外部ライブラリ	183, 210	出力	015, 030
学習	023	順次	028
拡張子	061	条件分岐	150
掛け算	088	勝率	233
画像	204, 264, 269	ショートカットキー	075
画像の作成	269	初期化	094
画像の読み込み	264	初期のプログラム	020
画素数	021	人工知能	022
カッコ	084	人工知能の学習	024
カプセル化	240, 247	スクリプトファイル	061, 070
関数	168	スクリプトファイルの作成	070
キー	132	スクリプトファイルの実行	062
キーボード	030	スクリプトファイルの保存	071
キーワードの検索	074	スクリプトファイルの読み込み	076
機械と人間の差	021	スクリプトファイルを閉じる	075
グイド・ヴァンロッサム	045	スクリプトモード	061

ストレージ	031
スピーカー	030
スライス	122
整数型（int型）	116
セット型	138
総合開発環境	064
統合開発環境	041
ソフトウェア	038
ソフトウェアインターフェース	276

た〜な行

代入	094
足し算	087
タプル	126
タプル型	126
直線	273
ツイートの取得	294
ツイートの投稿	313
定数	093, 098
ディスプレイ	030
データ	026
データ型	106, 241
等差数列	273
ニューラルネットワーク	022
入力	015, 030
入力フォーム	306

は行

ハードウェア	038
ハードウェアインターフェース	276
ハイライト機能	064
パソコン	030
パソコンの環境	052
パッケージ	184
パラメータ	296
半角スペース	079
反復	028, 142, 162
比較演算子	090
引き算	087
引数	170
表記	067
標準入力	224
標準ライブラリ	183, 186
複数行のプログラム	078
浮動小数点数	118

浮動小数点数型（float型）	118
プライベート変数	248
プログラミング	014
プログラミング言語	034, 039
プログラミング言語の分類	036
プログラム	014, 026
プログラムの遠隔利用	019
プログラムの実行	073
プログラムの良し悪し	017
ブロック	143
プロンプト	059
分岐	029
べき乗	117
ヘッダ	143
変数	093
変数名	097
ポリモーフィズム	239, 254

ま行

マウス	030
未来予想図	025
メソッド	244
メモ帳	039, 061
メモリ	031
文字コードの置換	303
モジュール	183, 186
文字列型	108
文字列のくり返し	115
文字列の連結	114
戻り値	173

ら〜わ行

ライブラリ	046, 182
ライブラリのインストール	213
ライブラリの削除	214
ライブラリの読み込み	216
乱数	192
リスト	120
リスト型	120
リファクタリング	017
論理積	153
論理和	153
割り算	088

●著者●
西 晃生（にし こうせい）

東京大学大学院卒業後、株式会社LITALICOに新卒エンジニアとして入社。子育てメディアやアプリなどのサービス立ち上げから運営まで従事。子どもたちにプログラミングやロボットを教える教室を立ち上げ、運営に従事した後、2017年6月にSunShineLifeLab（略称：S2L2）として独立。SunShineLifeLabでは、プログラミング学習の動画コンテンツの配信や、他社の新卒研修などに従事。また、子どもの遊びを広げるためのおもちゃ情報サイト「Child's Plaything」を運営。

●スタッフ●

本文デザイン	リンクアップ
編集協力	リンクアップ
編集担当	山路　和彦（ナツメ出版企画株式会社）

ナツメ社Webサイト
http://www.natsume.co.jp
書籍の最新情報（正誤情報を含む）は
ナツメ社Webサイトをご覧ください。

これ以上やさしく説明できない！
Python（パイソン）はじめの一歩（いっぽ）

2019年1月1日 初版発行

著　者　西晃生（にしこうせい）　　　　　　　　　©Nishi Kosei. 2019
発行者　田村正隆

発行所　株式会社ナツメ社
　　　　東京都千代田区神田神保町1-52　ナツメ社ビル1F（〒101-0051）
　　　　電話　03(3291)1257（代表）　　FAX　03(3291)5761
　　　　振替　00130-1-58661
制　作　ナツメ出版企画株式会社
　　　　東京都千代田区神田神保町1-52　ナツメ社ビル3F（〒101-0051）
　　　　電話　03(3295)3921（代表）
印刷所　ラン印刷社

ISBN978-4-8163-6557-7　　　　　　　　　　　　　　Printed in Japan

本書に関するお問い合わせは、上記、ナツメ出版企画株式会社までお願いいたします。

〈定価はカバーに表示してあります〉
〈乱丁・落丁本はお取り替えします〉

本書の一部または全部を著作権法で定められている範囲を超え、ナツメ出版企画株式会社に無断で複写、複製、転載、データファイル化することを禁じます。